31

新知
文库

XINZHI

Die verrueckte
Welt der
Paralleluniversen

The translation of this work was financed by the Goethe-Institut China
本书获得歌德学院（中国）全额翻译资助。

Title of the original German edition:
Author: Tobias Hüerter, Max Rauner
Title: Die verrueckte Welt der Paralleluniversen

Chinese language edition arranged through HERCULES Business & Culture GmbH, Germany

多重宇宙

一个世界太少了？

[德] 托比阿斯·胡阿特 马克斯·劳讷 著 车云 译

译 歌德学院（中国）翻译资助计划

生活·讀書·新知 三联书店

图书在版编目（CIP）数据

多重宇宙：一个世界太少了？/（德）胡阿特，（德）劳讷著；车云译. —2 版. —北京：生活 · 读书 · 新知三联书店，2014.6 （2021.4 重印）
（新知文库）
ISBN 978 – 7 – 108 – 05031 – 1

Ⅰ. ①多…　Ⅱ. ①胡…②劳…③车　Ⅲ. ①宇宙学 – 研究　Ⅳ. ① P159

中国版本图书馆 CIP 数据核字（2014）第 094315 号

责任编辑　史行果　杨　乐
封扉设计　罗　洪
责任印制　董　欢
出版发行　生活 · 讀書 · 新知三联书店
（北京市东城区美术馆东街 22 号 100010）
网　　址　www.sdxjpc.com
图　　字　01 – 2018 – 8060
经　　销　新华书店
印　　刷　北京隆昌伟业印刷有限公司
版　　次　2011 年 4 月北京第 1 版
2014 年 6 月北京第 2 版
2021 年 4 月北京第 5 次印刷
开　　本　635 毫米 × 965 毫米　1/16　印张 11.25
字　　数　158 千字
印　　数　18,001 – 21,000 册
定　　价　32.00 元
（印装查询：01064002715；邮购查询：01084010542）

新知文库

出版说明

在今天三联书店的前身——生活书店、读书出版社和新知书店的出版史上，介绍新知识和新观念的图书曾占有很大比重。熟悉三联的读者也都会记得，20世纪80年代后期，我们曾以“新知文库”的名义，出版过一批译介西方现代人文社会科学知识的图书。今年是生活·读书·新知三联书店恢复独立建制20周年，我们再次推出“新知文库”，正是为了接续这一传统。

近半个世纪以来，无论在自然科学方面，还是在人文社会科学方面，知识都在以前所未有的速度更新。涉及自然环境、社会文化等领域的新发现、新探索和新成果层出不穷，并以同样前所未有的深度和广度影响人类的社会和生活。了解这种知识成果的内容，思考其与我们生活的关系，固然是明了社会变迁趋势的必需，但更为重要的，乃是通过知识演进的背景和过程，领悟和体会隐藏其中的理性精神和科学规律。

“新知文库”拟选编一些介绍人文社会科学和自然科学新知识及其如何被发现和传播的图

书，陆续出版。希望读者能在愉悦的阅读中获取新知，开阔视野，启迪思维，激发好奇心和想象力。

生活·读书·新知三联书店

2006 年 3 月

目 录

前　言

您是否曾经希望能够使时间倒流并变换一种活法？

2000 年 11 月 7 日，美国副总统阿尔·戈尔（Al Gore）要是用得上这种能耐就好了。那是总统大选的日子。大选之夜演绎成了侦探故事。首先，电视台宣布阿尔·戈尔获胜，然后，竞选对手乔治·W. 布什突然在具有决定性意义的佛罗里达州领先。凌晨两点半，戈尔犯了一个后果严重的错误。他给布什打电话，祝贺他竞选成功并让人开车冒雨把他送回家。但是，夜色未尽，布什在佛罗里达州的领先地位又缩水了。差一刻四点，戈尔再次拿起电话。“事情发生了变化”，他对布什说道。

太迟了。失败者的形象已昭然于世。接下来的一周是封局。随后，宪法法院叫停了佛罗里达州的重新计数选票。第 43 届美国总统名叫乔治·W. 布什，而非阿尔伯特·阿尔·戈尔。

总统大选后又过了几个月，布什早已当政，却发生了件离奇的事情。在物理学家最重要的专业期刊《物理评论》（*Physical Review*）上发表了物理学教授亚历山大·维兰金（Alexander Vilenkin）的一篇极为奇怪的文章。乍看上去，文章十分普通。在10页的篇幅上，维兰金运用通常的公式客观地论述了宇宙的特性。但是，文至最后一段，他却突然写道："有些读者听了这个消息会感到高兴，即：[宇宙中] 存在着无穷多的区域，在这些区域里阿尔·戈尔是总统，而且——是的！——艾尔维斯还活着！"作者意犹未尽，又面向读者写道："每当您头脑中闪现一个念头，觉得可能发生了一个可怕的不幸，您就可以有把握地认定，在 [宇宙中的] 一些区域它已经发生了。如果您险些遇难，您在某些区域里碰到这种事情也不曾太走运。"

难道是一位物理学家在这里浮想联翩？会不会是亚历山大·维兰金看了太多糟糕的科幻小说？恰恰相反。维兰金被视为其专业——宇宙科学的先驱者。而且，这些听上去像科幻小说的推测，最近也被当作严肃的科学加以对待。如果在举足轻重的物理学杂志上发表的文章是谈论貌合神似者和平行宇宙的，也不会再有人感到吃惊。奇怪的或许是，为什么物理学家们现在才想到它们。

一个肆无忌惮的想法占领了科学界，而本书探讨的就是这一想法及其结论。基本思想可以用一句话来概括，既朴实无华又令人难以置信：我们的宇宙仅仅是众多宇宙中的一个，每个人在其他的宇宙中都有貌合神似者。

如果您觉得这个设想相当古怪离奇，那您和我们开始调查研究一篇关于多重宇宙的文章时的感受是相同的。之后，它就变得引人入胜了。开始我们以为，平行世界是乖戾的物理学家们的思想游戏。不过，很快我们就明白了，原来这个主题在多么凶狠地折磨着科学家和非科学工作者，这个想法又遭受了反对者们多么强烈的抵抗。多重宇宙和每一个人都息息相关。

实际上，今天有越来越多的物理学家相信，不仅存在着一个宇宙，而是很多，而所有这些宇宙构成了浩瀚无垠、丰富多彩的陌生世界，好似无边无际的大海点缀着不计其数有人居住和无人居住的岛屿。好莱坞的导演和编剧把这个脚本从头演到了尾，哲学家和神学家对此悲观失望。可是现在，越来越多的自然科学家也极其严肃地支持平行宇宙的理论。

很有可能他们最终是对的。那么，人类将会面对自哥白尼革命以来自画像的最大变革。尼古拉·哥白尼于16世纪终结了绵延了几千年的地球静立于宇宙中心的设想。如今，科学家们在计划着百尺竿头更进一步。他们假设的不是唯一的一个宇宙，而是浩瀚无垠、丰富多彩的众宇宙：多重宇宙、巨型宇宙或者多元宇宙。他们如此称呼所有宇宙的总和，不能比这再大了。

“再过100年，”物理学家雷欧纳德·苏斯金德（Leonard Susskind）预言道，“哲学家和物理学家们将会痛心疾首地回顾现在并回想那个20世纪庸俗狭隘的宇宙观让位于更大、更好、无限风光令人晕眩的巨型宇宙的黄金时代。”

物理学家们脑子是否还正常？多重宇宙的理论引发了激烈的争论，因为还根本不清楚，人们能否验证这个理论。尽管如此，还是冒了些风险的。不仅是为了科学，还为了我们每一个人。

本书实况报道一场科学革命。它有助于在多重宇宙思想的广袤中进行导航。我们展示了作家、导演和哲学家是怎么看待多世界的想法的，探讨了推测性的多重宇宙的想法对科学的危害，刨根问底地研究结论，多重宇宙真的存在吗：在具有无穷多的貌合神似者的多重宇宙中，生命的意义何在？我们会结识我们的貌合神似者吗？还有非常实际的问题：如果我在其他世界的貌合神似者反正也是把所有的废弃物一股脑儿丢进一个垃圾桶内，我还有必要进行垃圾分类吗？如果我的貌合神似者天天坐车蹭票，我还有必要购买车票吗？

多重宇宙看上去疯狂得不像是真的，这是一方面。另一方面，500年前，人们也曾认为地球围绕太阳运动并且同时还围绕着自己的轴心自转的设想是荒谬可笑的。200年后，这一世界观就成了常识性教育，今天，地球自转完全是一个事实。

究竟怎样，才会使一个令人感觉疯狂的想法变成科学界大多数人的观点，进而成为普遍接受的世界观？这是本书第一部分探讨的内容。我们在此重温了哥白尼革命、原始大爆炸的现代版创世史以及今天的宇宙学支离破碎的世界观并与多重宇宙初次相识。如果想走个捷径，可以阅读第四章和本书的第二部分（第八章至第十四章）。我们在此探究了为什么多重宇宙的理论目前在专家中如此受青睐，并开始寻找我们在平行宇宙中的貌合神似者。其实，物理学家们早已未雨绸缪地算出了在多远的距离可以遇到离我们最近的貌合神似者。我们陪同天文学家去寻找有智能的生命，并启发对世界公式越来越绝望的求索。我们还追问了多重宇宙中生命的意义以及上帝的位置。

本书有两名作者，来自同一个世界，却持有不同的看法。一年来，他们调查研究、博览群书并与多重宇宙的怀疑者和支持者进行了数不胜数的谈话。在此期间，托比阿斯·胡阿特和认为我们所生活的世界可能是由众多世界组成的这一想法交上了朋友。马克斯·劳讷则认为多重宇宙的理论越来越疯狂了。一次次的讨论给两人带来了乐趣。我们并不想以本书让任何人转而相信多重宇宙。我们想说服大家相信，去设想目力之外的世界，是值得的。清空您的头脑吧，准备迎接所有世界中最大的那个。

托比阿斯·胡阿特、马克斯·劳讷

2009 年 10 月

第一章

欢迎来到多重宇宙!

上帝真有可能创造了几百万个世界。

——伊玛努埃尔·康德(Immanuel Kant)

《论对活力的正确评价》(*Gedanken von der wahren Schätzung der lebendigen Kräfte*),1746年

棺木保存完好,置于大理石地面下32厘米处。外包铁皮,内衬织品。骷髅头骨安枕于干草填充内芯的真丝枕头之上,身架骨骼娇小玲珑。考古学家们估计,此乃一位芳龄20岁左右的女子。这一发现没有引起他们的兴趣,于是,大家继续挖掘。

在第二道墓穴中,他们挖到了一个50岁上下的男子的遗骨,其面部骨骼已被压坏;第三道墓穴在考古学家挖掘的过程中遭到了破坏;而第四道和第五道墓穴中埋放的又都只是年龄在40岁至50岁之间的男尸。月复一月,考古队员们孜孜以求地在波兰波罗的海沿岸的弗罗恩堡(Frombork)大教堂遗址挖掘着。终于在第十三道墓穴中,即:圣十字架祭坛那里,他们发现了一位仙逝年龄一定是在60岁至70岁之间的男子的头骨。这就是大家长久以来苦苦寻找的骸骨吗?人们在遗者的书中发现了一根发丝,拿它去做DNA比对鉴定。2008年11月,鉴定结果确定:这是尼古拉·哥白尼(Nikolaus Kopernikus)的头颅。他曾是弗罗恩堡大教堂的教士,业余天文学家,卒于1543年,是人类思想史所历经的最大革命的领军人物。

委托考古学家发掘哥白尼遗骸的杰赛克·叶茨斯基(Jacek Jezierski)主教说:"对于弗罗恩堡来说,这是个重大事件。"他承诺:2010年春,

遗体将装殓于“精美豪华的石棺”中隆重下葬。世界将哀而悼之。

这是一个怎样的荣辱历程啊：生时无人问津，身后旋即背负叛乱者之名，如今又成了英雄人物。

哥白尼推翻了长达两千年之久的宇宙观，把人类从宇宙的中心驱逐了出去。从古希腊罗马时期，人们就一直以为地球位于世界的中心，而太阳和其他行星一样，也是围绕地球运行的。哥白尼宣称：这是谬论。实际上是太阳处于中心位置，而地球则在金星和火星之间的公转轨道上围绕太阳运行。昼夜交替是由于地球旋转所造成的结果。当他关于太阳中心说宇宙观的著作《天体运行论》（*De revolutionibus orbium coelestium*）于纽伦堡（Nürnberg）付梓出版时，69 岁高龄的哥白尼在弗罗恩堡身患中风，数月后便与世长辞。但他的思想垂留于世，教会横加阻挠也是枉然徒劳。

哥白尼的思想逆转动摇了人类对自身的理解，教会总有一天会屈尊顺应的。不仅是哥白尼现在要隆重地重新下葬，还有在世时被判以终身软禁的伽利略（Galileo Galilei）在 400 年后也得到了昔日反对者至高无上的赞誉。梵蒂冈教廷于 2009 年国际天文年首次以圣诞弥撒向其致以敬意。罗马教皇本尼狄克十六世（Benedikt XVI）在圣诞福音中明确地对伽利略大加赞扬，他补充说道，自然法则就是我们“以感恩之心缅怀贤人杰作的一个很好的理由”。

听上去这是些应酬辞令及澄清之语，而自然科学家们则更进一步。当教会还在抚今追昔，此时，科学家们却已在策划令哥白尼革命还要相形见绌的颠覆之举：我们的宇宙只是无数宇宙中的一个；我们每个人在其他的宇宙中都有个貌合神似者。至少这是严谨的物理学家们在如此放言。他们在世界上最优秀的大学里从事科学研究，他们在举世闻名的专业刊物上撰文立说，他们属于理论物理学的领路精英。

而且，他们的态度是认真的。

哥白尼之后五百年的今天，又扬起了革命的旗帜：包罗万象的单一宇宙演变而为多重宇宙。存在着的不仅仅是一个宇宙，而是无穷无尽的众多宇宙。我们居住于其中之一，这只是多元宇宙中的一处蜗居。任何一个可以设想的世界都实际存在着，任何可能发生的故事都会在某处发生。人们以为哥白尼革命业已终结。

如果说，哥白尼扭转乾坤像西格蒙特·弗洛伊德（Sigmund Freud）所说的那样，是一种“伤害”，那么，多重宇宙论就是一种侮辱。供职于马萨诸塞州波士顿附近的塔夫茨大学（Tufts University）的物理学教授亚历山大·维兰金则冷静客观地谈到了它：“把人类降级到宇宙中完全无足轻重的地位上最终完成了我们撤离宇宙中心的进程。”圆满完成哥白尼革命是一项集体工程，而维兰金这位安静、瘦削的花甲老人，就是该工程的项目领导人之一。

以前，教会垄断了世界历史；后来出现了诸如哥白尼和牛顿（Newton）这样的全才学者；现在是像维兰金这样的物理学家在向我们解释这个世界。世界之初什么样？我们从哪里来？我们走向何处？1915 年，阿尔伯特·爱因斯坦（Albert Einstein）表述了广义相对论（Allgemeine Relativitätstheorie）。物理学家们运用该理论计算出了黑洞、宇宙的膨胀以及星星与银河外星系的诞生。十年后又有了量子理论（Quantentheorie），它描述了原子的微观世界。1950 年，物理学家们发展了原始大爆炸理论（Urknalltheorie）。根据该理论，宇宙的所有物质与能量很久以前是集中在一个高温且密集的点上，紧接其后就是分崩离析。

维兰金习惯于另辟蹊径。20 世纪 60 年代，他上大学念物理专业时，原始大爆炸理论正越蹿越红，而苏联则越来越令人不快。维兰金作为学生拒绝为克格勃充当情报人员，克格勃将他列入黑名单，教育业从此为他关上了大门。维兰金在乌克兰北部的一座城市哈尔科夫（Charkow）的动物园负责夜班值勤，任务是守卫一个酒类售货亭。他有一杆枪，可是却不知道怎么使用。他很同情困在栅栏后面的动物。在没有喝醉的夜晚，他就思考宇宙。1976 年，维兰金 26 岁，获准移居国外。两年后，他被塔夫茨大学聘为教授。在那里，他有了存在许多世界的这一大胆出位的想法。

维兰金和他的俄罗斯同事安德雷·林德（Andrei Linde）在计算原始大爆炸之后使宇宙膨胀的力量时，两人得出这样的结论：膨胀必定在我们的宇宙之外持续下去。这意味着：远离我们的宇宙之外正在不断地形成新的宇宙，就像泡沫浴中涌现的泡泡。每个泡泡就是一个原始大爆炸，随即产生一个新的宇宙。由于宇宙数量之众难以想象，其中有许多宇宙也存在着生物、人类甚或是我们的貌合神似者。

“我们在多重宇宙中所处的这个部分内拥有的原始大爆炸，并不像我们一直以来认为的那样是一个奇特的事件。”维兰金说道，“在遥远的地方，存在着不计其数的原始大爆炸，许多发生在过去，但也有许多发生在未来。它们所导致产生的地区中，一部分类似于我们的宇宙，一部分看上去则完全不同。这一进程永不停息。”

在宇宙新貌中，我们所熟悉的宇宙看上去渺小得如同沙漠中的一颗沙粒。其他的宇宙中，有一些是荒无人烟的，另一些则受异类的自然法则所掌控或者充斥着超光速粒子。在某些宇宙中，光怪陆离的幽灵倏忽穿越增加的空间范围。有些宇宙与我们的宇宙相似——只是在那里，约翰·肯尼迪（John F. Kennedy）还活着，并且和玛丽莲·梦露（Marilyn Monroe）喜结连理。维兰金宣称，在其他宇宙中存在着类地球，在这些星球上，恐龙幸存了下来并开着汽车。在另一些宇宙中，纳粹德国没有战败，而是统治了世界——“可惜啊，”维兰金说道，“不受自然法则所禁止的一切都会存在着。”

在以前，听完维兰金的报告后，台下经常是尴尬的沉默。如今听众报以掌声。说实话，想象存在着很多世界，这是令人难以置信的。但是在五百年前，哥白尼的宇宙观也同样是令人难以置信的。而一百五十年之后，它就是理所当然的了。

多重宇宙的理论或许可以解开人类最大的谜团之一：我们的生存。自从原始大爆炸以来，宇宙似乎像是为了终有一天产生出星星、星云、行星和人类而创造出来的。因为：如果电荷或重力等自然常数一旦稍有改变，那么，原始大爆炸之后就根本不可能产生原子或星星。我们的生存是否是一个幸运的偶然事件呢？抑或是自然法则的必然结果？爱因斯坦是这样表述的：上帝创造我们的宇宙之时，是否有选择权呢？上帝对于爱因斯坦来说，只是一个修辞手段。他寻找的不是上帝，而是一个适用万物的理论，这一理论将恰恰是描述我们的宇宙的，而且也只能是描述我们的宇宙及其所有特性的理论。他没有找到这一理论，但是物理学家们至今仍在梦寐以求之。

雷欧纳德·苏斯金德，1940年生人，加利福尼亚州斯坦福大学（Stanford University）的物理学教授，就是一心想要使梦想成真的追梦者之一，也仍然是和维兰金以及林德一样的世界解说者。苏斯金德希望找到一个既能描述纳米世界、同样又能描述原始大爆炸的、包罗万象的理论，一个由相对论和量子理论综合而成的世界公式。他希望，终有一天从一个唯一的数学公式就可以推算出这个世界的所有自然法则和自然常数。那样的话，宇宙的形态就会是这一普遍法则的合乎逻辑的结果。

20世纪80年代，苏斯金德以为掌握了开启世界公式的钥匙：凭借他参与创立的所谓的弦理论（Stringtheorie）。而后，事实却表明：弦理论提供的不是一个唯一的世界公式，而是无法一览无遗的众多。2005年，苏斯金德开始认识到，也许恰恰理应如此：不可能存在一个明确不二的世界公式，因为存在的不仅仅是一个世界。弦理论的每一个答案或许都描述了一个真实的宇宙，这个宇宙拥有自身的自然法则和自然常数、自己的历史和自己的未来。在有些宇宙中，万有引力十分强大，因而，这些世界在很短的时间内就又崩溃坍塌了；有些宇宙永恒存在，但却一直空空如也；还有些宇宙产生了星星，却无法创造出类似地球的行星。而我们自己的宇宙，恰恰拥有合适的自然法则，得以在原始大爆炸发生的140亿年之后创造出有智慧的人类，而他们却在绞尽脑汁地思考着宇宙的起源。我们的世界只是世界的海洋中的一个善待生命的岛屿。

古老的基本问题——为什么世界是它现在的这个样子？在多重宇宙中得到了一个十分简单的回答：我们的世界只是不计其数的众多其他世界中的一个，其中有一部分世界具有完全不同的特性，而还有一部分世界则与我们的相似。因此，我们的宇宙不是特例，而是统计学上的常态，普通得像彩票中的头彩，只要有足够的彩民参与。对于个人来说，中奖可能像是一个奇迹，而对于群体来说，这不是什么意外惊喜。

在多重宇宙（Multiversum）中，一切皆有可能，一切皆为常态。

苏斯金德的设想显然与亚历山大·维兰金的泡泡多重宇宙十分相似。苏斯金德改变了观念，他现在不再相信存在一个世界公式，而是相信多重宇宙的存在。“我的许多同事不想看到这一点，”苏斯金德说道，“他们希望获得一个光鲜亮丽的宇宙，但是这个宇宙一点儿也不光鲜亮丽。”

这里是这个样子，那里却是另一番景象，时而简单，时而复杂。苏斯金德大声说道，多重宇宙理论会占上风的，“而极力否认这一事实的物理学家，则会败下阵来”。

雷欧纳德·苏斯金德和亚历山大·维兰金来自于物理学的不同的分支领域，一个研究弦理论，另一个研究原始大爆炸。但是，殊途却引导他们同归于多重宇宙。而且，较长时间以来，研究量子物理学的同事们也在讨论着是否可能存在着不仅一个世界、而是为数众多的世界。研究之路纵横交错——这也是多重宇宙理论成为眼下热议话题的一个原因。第二个原因则是：多重宇宙理论与科学幻想相毗邻，这让有些科学工作者感到有损于其职业荣誉。

从哥白尼勾画了太阳中心说的宇宙观到伽利略利用望远镜观察星空、并为哥白尼的理论找到重要的证据，这只是个时间问题。恐怕永远不会有如此直接的证据来证明多重宇宙的存在。也不必为了相信一个理论而非得找出直接证据。早在两千年前，自然哲学家们就苦苦思索着原子的存在。最后是到了 19 世纪，有了些许间接的迹象。直到 1955 年，一台专业显微镜才第一次描摹出了一个单个原子的模样。再举一例：爱因斯坦的相对论。如今它得到了大家的认可，物理学家甚至用它来计算黑洞，尽管还没有哪一位科学家曾经目睹过哪怕是一个黑洞（即使是在日内瓦附近的 LHC 粒子加速器上也没有看到过）。与多重宇宙理论所不同的是，相对论最终在实验的众多测试中过五关斩六将。但是，多重宇宙理论在某一时刻也必须要接受实践的检验。如果它为我们自己的宇宙提供了适用的解释，那么，我们也可以严肃认真地对待它关于平行宇宙的论述。如果多重宇宙依然只是纯粹的推测，那么，物理学也就走到了尽头，或者是又回到了起点。因为 2500 年前，古希腊的科学就是如此起步的：对自然进行哲学探讨。

一定是同时发生一些事情，才可以使一个崭新的科学理论发展成为一个时代的世界观。已故的社会学家托马斯·库恩（Thomas Kuhn）曾经研究过这种变革，而哥白尼革命就是他最喜欢列举的例子。从中他提炼出了 70 年代声名鹊起的概念——范式的转变（Paradigmenwechsel）。库恩的论点是：科学进步不是直线发展的过程，不是认识的不断积累与扩充。它是跳跃式发展的。“普通科学”的平静发展阶段过后便是激烈的危机时期，然后爆发科学革命，于是，一个新的范式就取代了旧有的。尼古拉·哥白尼在克拉科夫（Krakau）上大学之时，正值克里斯托夫·哥伦布（Christoph Kolumbus）向未知大陆扬帆进发之际；地球的地理学不得不重新改写；在维滕堡（Wittenberg），马丁·路德（Martin Luther）将其纲领张贴在了城堡教堂之上；出现了活版印刷术的发明。世界为范式的转变准备就绪。

或许今天，我们再一次整装待发。21 世纪的世界是全球化的、纷繁复杂的、多元化的世界。多重宇宙恰逢其时。这是后现代的宇宙观。但是，它的贯彻实施并不比先前哥白尼宇宙观的立足于世更容易。从哥白尼辞世至 1687 年牛顿发表万有引力理论（Gravitationstheorie），哥白尼革命持续了整整 150 年。为什么这次就该加快速度呢？没有人会随随便便地接受自己同时生活在不计其数的平行宇宙中的观点。而且，关于外部存在其他宇宙的论点迄今为止也仅仅是越来越多人的猜疑而已。只有当它起码是在某几个方面经受住了经验论的检验，我们才能将哥白尼革命继续进行下去。

现在，就已经出现了一个与 500 年前相似的一幕：哥白尼并不是发明了太阳中心说的世界观，而只是助其获得了应有的权利。另有他人已先于他想到了这一世界观。多重宇宙理论的情形与此相仿。存在众多世界的设想亦深深地植根于思想史之中。早在公元前一世纪，罗马诗人鲁克雷茨（Lukrez）就曾预言：“天空、地球和海洋，就连太阳与月亮也都不计其数。”13 世纪，教士和学者们探讨了上帝是否可能创造了无穷无尽的众多世界的问题。17 世纪，哲学家戈特弗里德·威廉·莱布尼茨（Gottfried Wilhelm Leibniz）认为，我们的这个世界是上帝“可能创造的所有世界中最美好”的实现。康德思索着宇宙中遥远外部存在的众多世界岛屿。多重宇宙的思想如今现身于诸如弗拉基米尔·纳博科夫（Vladimir Nabokov）和豪尔赫·路易斯·博尔赫斯（Jorge Luis Borges）等著名作家的作品中，而且，名为“架空历史”（Alternate History）的一大门类文学就在探究这样的问题：如果当初……历史又会如何？

在多重宇宙中，“架空历史”不再是科幻文学，而是历史学的一部分。自古以来，人类就战战兢兢、缠绵悱恻地思念着陌生的世界。而当今的时代可能就是证明幻想即为现实的时代，而多重宇宙可能就是21世纪的宇宙观。但是，这一观念是否可以力排众议而成为新的范式还并无十分的把握。批评家们在多重宇宙的幻想幅度上恰恰发现了其最大的弱点：它仅仅是推测而已，是可能会轰然坍塌的幻想大厦。在谈到多重宇宙这一想法时，普林斯顿大学（Princeton University）的物理学教授保尔·斯坦因哈特（Paul Steinhardt）说道："我认为这一理论是危险的。"它太过空想臆测，"科学将会走到山穷水尽的沮丧境地"。

凡是接受多重宇宙的人，都会牺牲掉科学的崇高理想，首当其冲的就是通过实验可验证性的要求。因为根据自然属性，平行宇宙是无法直接观测到的。光线无法从一个宇宙抵达另一个宇宙。尽管如此，是否允许自然科学家谈论它们呢？一石激起千层浪，物理学家们争执不下。一部分人说，这是对经验主义研究的永恒原则的背叛；另一部分人则将其视为自然科学的解放，是对迄今为止无法企及的问题的开放。阵地划定，争斗开局。

第二章

哥白尼革命

无。

——路易十六（Louis XVI）日记，1789 年 7 月 14 日。

主教来函，尊敬的主教阁下性急难耐。丹斯提卡斯（Dansticus）主教发出警告，哥白尼总该对独身生活心怀崇敬之情了吧。这是 1538 年的事了。其时，尼古拉·哥白尼已经在东普鲁士的弗罗恩堡任教士一职整整四十年了。他为富人做祈祷，撰写关于改革硬币的文章，担忧面包的价格，其间还致力于自己的爱好：天文学。作为教士，他可以华服着身并雇佣仆人，却不得不过着禁欲生活。他的女管家安娜·席琳斯（Anna Schillings）却妨碍着这一挑战。

哥白尼和其他神职人员一样，有着司空见惯的恶习（譬如，丹斯提卡斯主教就有一个私生子在西班牙），但却忠于职守。他解聘了安娜·席琳斯。不过，与此同时他也决定将其长期深藏不露的《天体运行论》一书付梓出版。这才真正地惹恼了教会，因为这本书颠覆了他们的世界观。

书中用无边无际的浩瀚空间替换下了古希腊罗马时期亲切舒适的宇宙。书名中“revolutionibus”一词在当时是天文学的专业术语，意即：天体的圆周运动。后来，“Revolution”一词才具有了政治上的革命之意。哥白尼策动了一切革命之母。他是迫不得已的奇思妙想者。其实，他本意是很保守的，只打算修复一下古希腊人的世界观。他一贯强调：太阳中心说的世界观不过是一个纯数学的思想游戏。但人们前仆后继地思考着并捍卫着他的想法：第谷·布拉赫（Tycho Brahe）、约翰尼斯·开普勒（Johannes Kepler）、伽利略和牛顿。哥白尼革命历时一个半世纪，直至 1687 年，牛顿的万有引力理论才圆满结束了这场革命。人类离开了世界的中心，而且应当永远不再回归此位。

此后，宇宙的面目变得不再能够加以辨认。“一切都支离破碎，”英国作家约翰·多恩（John Donne）于17世纪之初如此哀叹道，“任何内在的关联、任何合理的支持与关系都不复存焉。”1885年，弗里德里希·尼采（Friedrich Nietzsche）写道：“从哥白尼开始，人类驶离中心、进入未知。”西格蒙特·弗洛伊德称哥白尼革命为与达尔文（Darwin）进化论和他自己的精神分析相并列的、对人类“天真幼稚的自尊心”的三大伤害之一，是“宇宙论伤害”。1970年，诺贝尔医学奖获得者贾克·莫诺（Jaques Monod）则进一步总结道：“［人类］现在明白了，他犹如吉卜赛人一般位居宇宙的边缘，而这个宇宙对他的音乐置若罔闻，对他的希望、痛苦与罪行也漠不关心。”

哥白尼革命标志着现代科学的发端。哥白尼、开普勒和伽利略开始以数学的语言来描述自然。实验破格成为获取知识的方法。研究人员的目标为：用少量的原理描述尽可能多的现象。他们崭新的主导思想是：即便上帝暂时还依然是公认的立法者，但自然是要遵从固定的法则的。

到了21世纪之初的今天，宇宙学已经经历了一段漫长、平缓的常态岁月。主流范式为原始大爆炸学说。没有哪位研究人员怀疑此说。大爆炸模式可以解释天文学家用望远镜所观察到的许多现象，但并非全部现象。他们越是精确地测量宇宙，就会发现越多美中不足的瑕疵。他们迫切需要奇特的假设来维护这一模式：宇宙一定是在第一秒钟的瞬间之内以令人难以置信的速度急遽膨胀的，驱动力一定无比强大——然而是受什么力量驱使的呢？10年前，物理学家们断定，他们恐怕是忽略了宇宙70%的存在，即所谓的神秘的暗能量。这股能量是否类似一种反重力驱使宇宙四分五裂？或者这一神秘的暗能量仅仅是个视错觉？科学家们彷徨起来。

搜寻一个可以解释小到原子、大到宇宙的一切现象的世界公式的工作陷入停顿。20年来，弦理论一直是最有希望成为这样一个万能理论的候选者，却依然无法包罗万象。是危机吗？看上去如此。我们是否面临着下一场科学革命？这恐怕只有历史学家在不确定的将来才能做出评判。

从内部的角度来看，革命常常显得并不起眼。“同时代的人无法设想布拉赫、布鲁诺（Giordano Bruno）、开普勒和伽利略这些后生们会把哥白尼点燃的火炬传递到何处去。”德国哲学家兼哥白尼传记作家马丁·卡利尔（Martin Carrier）说道，“科学上的变革在科学界内获得认可有时需要几十年，而让公众接受变革，常常需要更长的时间”。即使是进化论，也是在达尔文提出后又过了半个世纪才被科学界接受的。“有时革命也会中断，人们又回复到旧有的观念中去。”卡利尔说道。而且，“同时代的人经常对眼前正在发生的革命毫无察觉”。对于迫在眉睫的事情亦是如此：1789 年 7 月 14 日，路易十六狩猎归来，一无所获。他在日记中写下了唯一的一个字：无。此时，巴黎城内已是街垒火起。人们攻占巴士底狱。法国国王命丧断头台上。

多重宇宙——是新的世界观还是“无”？给出答案还为时过早，提出问题并不超前。这是人类自创立世界观以来所提出的相同问题：宇宙是如何建构的？人在世界中位居何处？世界为什么是现在的这个样子？什么是真正的真相？

从神话到天体力学

3000 年前的真相是这样的：每天早晨，东方出现一个明亮的圆盘，它穿越天空后又在晚上沉落了下去。是太阳。这一景象大约每 24 小时重复一次，夏天的时候圆盘的位置高一些，冬天则低一些，大概经过 365 天之后，四季又从头开始。夜晚，星星越过天空，就连它们的位置也和季节有关。还有就是那个月亮，时而夜间、时而日间地出没，一会儿娥眉显身，一会儿又满月露脸。再有那些亮点点——行星，神出鬼没地在苍穹之上滚来转去，时前时后，时快时慢，时亮时黯。

每个具有高度文明的民族都为这杂乱无章的天空谱写了自己的诗句。埃及人、印度人、中国人和巴比伦人，他们都打造出了自己的宇宙学。“宇宙”（Kosmos）一词是希腊语，意即：秩序和美丽——宇宙学（Kosmologie）和美容、化妆（Kosmetik）有着相同的词干。人类渴念着在世界之中拥有一个家园，而宇宙学就给了他们这样一个家园。它为他们的每日劳作和神灵的活动提供了舞台。宇宙学当时是自我生活现实的投影，同时也是世界观、迷信、意识形态、哲学、宗教和天文学。例如：古埃及人认为地球是个稍显长形的平板，他们最终只是沿着尼罗河勘定了自己的国土。这个平板浮游于水上，天空穹顶架设其上。拉神 Re 代表太阳，他拥有两条船，一条用于日间穿行空中的航线，一条用于夜间水路返航。两河流域（现在的伊拉克）的巴比伦人认为，地球是座内部掏空的山；河流是咸水与淡水的混合，为万物之源。月亮是一位神祇，他的冠冕根据月相的变化而变换形状。而中国的宇宙学者则把天空比作蛋壳，把地球视为居于蛋黄处的平平的圆片，四周环水。

尽管早期的文明也已经观察到了星星与行星的运动，但是这些和科学还没有什么关系。石器时代，人们在英国巨石阵用 40 吨重的石头垒起了一个原始天文台。巴比伦人在公元前 8 世纪就缜密地记录下了行星的位置，公元 5 世纪时，他们计算出了太阳年。而早在公元前 1400 年，中国人就在甲骨上面记录了天空上出现的“客星”——瞬时变亮耀目的星星——的现象，后来西方的学者称之为“新星”。

但是，人类此时还没有能力从对天空的观察当中系统地推导出宇宙学。这是后来古希腊人于公元前 600 年至前 450 年间完成的，首先是居住于现在土耳其西部的米莱特城（Milet）的一个哲学家小团体，还有居住于现在意大利南部的希腊人移民区克罗顿（Kroton）的毕达哥拉斯（Pythagoras）和他的信徒。如今人们称其为前苏格拉底学派，因为其人、其作主要是在苏格拉底（Sokrates）时期之前。

前苏格拉底学派想要做的不仅仅是为神和人搭建布景，他们想要解释他们所看到的现象：太阳和月亮有规律的运行，行星的轨道，宙斯和其他众神依然一直居住于奥林匹斯山（Olymp），但他们已然不再负责星星的每一次漫步。人类第一次尝试从简单的原理出发来推导世界的进程，用理智代替迷信，用力学代替神话，用科学代替惊讶。有些历史学家将这段时期称作“第一次”科学革命，而哥白尼革命则为第二次革命。

据亚里士多德（Aristoteles）说，米莱特的泰勒斯（Thales von Milet）思考星星的运动时想得入了迷，结果坠入井里。泰勒斯的学生米莱特派的阿那克西曼德（Anaximander）撰写了希腊宇宙学的第一本著作。他所描写的公元前 6 世纪的地球是个圆柱体，“像根石柱”，支撑在宇宙的中心。天空中被当作星星的可视物体是转动的车轮轮胎的中空轮辋上的小孔，燃烧的空气透过这些小孔泛出亮光。连太阳也是围绕地球而行的轮子上的开口，只是圆形轨道的半径大了27倍。阿那克西曼德认为，发生日食的时候，太阳光的出入口就关闭了。错误虽然重大，但毕竟还是机械论。

在900公里开外的克罗顿，毕达哥拉斯和他的信徒试图借助于数学来解释世界。大约公元前530年，40岁的毕达哥拉斯离开希腊移居意大利南部，并在那里建立了一所哲学—宗教学校。他本人没有流传下来任何著作，因为毕达哥拉斯开办的学校如同秘密兄弟会。可以肯定的是，毕达哥拉斯派已经知道正五面体——特别是对称的几何体，亦被称为柏拉图几何体——并将之划归自然要素。照他们看来，地球是由正六面体构建的（疏松易碎是因为有棱角），火是由四面体构成的（热是因为尖），空气是由八面体构成的，而水是由一个有20个面和30个角的几何体构成的。毕达哥拉斯派把整个宇宙联想成正十二面体，他们认为地球是球形的。

古希腊人的多重宇宙

前苏格拉底学派的世界观是十分原始的推测，但如果不是这样的话，宇宙学在当时又如何能够摆脱神祇而解放出来呢？况且那时还没有望远镜。如今神祇已置身其外，天文学家们把最现代的卫星望远镜送上了宇宙空间。但是，探测世界依然远远不能回答对于宇宙起源及其发展的追问。如果认为客观冷静的物理学家们现在只是在循规蹈矩地分析数据并宣布为经验所证明的发现，那就大错特错了。

目前关于多重宇宙的讨论肯定是让多特蒙德大学（Universität Dortmund）的哲学研究者莱纳·黑德里希（Reiner Hedrich）想起了前苏格拉底学派的研究纲要：这是“对自然进行的形而上学的思考”。黑德里希评论说，多重宇宙理论在逻辑上是合乎情理的，“但其合理程度还不足以使其成为科学”。丹麦科学史学家黑尔格·克拉格（Helge Kragh）亦有类似的看法：“尽管千变万化，现代世界观与2500年前的宇宙观依然有着相通的地方”——对世界的惊奇。

今天，物理学家们揣测宇宙中为什么存在如此众多的轻粒子，它们大大超过了原子的数量。而当时的天文学家乌多西奥斯（Eudoxos）诧异于火星逆行。完全不同的问题导致探索答案的途径也完全不同。不过，基本问题丝毫未改：宇宙是有限的，还是无限的？别的地方是否存在生命？世界是一直就存在着的呢，还是有开始之初？宇宙是静止不动的，还是发展变化的呢？宇宙有什么用途吗？

其实，古希腊人几乎想遍了每一个宇宙学思想：以太阳为中心的日心说世界观，无限的空间，宇宙在时间上的开端。古希腊人恐怕算得上是多重宇宙思想的第一批代表人物了：前苏格拉底学派的留基波（Leukipp）和他的学生德谟克利特（Demokrit）于公元前5世纪就推出了原子论（Atomismus）。根据该理论，一切物体都是由不可分割的最小基本微粒组成的。这些基本粒子不停地在真空中旋转穿梭并不断汇聚成新的形态构造——这正是原子。在此基础上，他们又建造了一个具有多个世界的宇宙学，给人的感觉类似于最初的多重宇宙理论。倘若不是罗马主教希坡律陀（Hippolytus）于公元2世纪在一篇檄文中——而且偏偏是在驳斥假想中的亵渎神明者的檄文《驳一切异教邪说》（*Widerlegung aller Häresien*）中——使其流传开来，他们的宇宙学恐怕早已被人遗忘了：

> ［德谟克利特］教导说，物质总是在空无中运动，存在不计其数、大小各异的世界；有些世界中既无太阳、也无月亮，而另一些世界中的太阳和月亮则规模较大，还有些世界中存在着多个太阳和月亮。各个世界间的距离也不一样，忽大忽小；一部分世界正在增长，一部分世界处于巅峰，一部分世界行将消失，此处成形，彼处消亡；一旦相撞，它们就会毁灭殆尽。有的世界没有生物，没有植物，也没有任何水分。

当今的多重宇宙理论的支持者们也无法做出更为出色的表述了。但就连这最初的多世界论者也背负了“寻衅闹事者”的名声。希坡律陀漫骂德谟克利特说：“他嘲笑一切，就好像所有人之常情都很荒谬可笑似的。”

令人欣慰的是：历史修正了某些这样的冷嘲热讽。以今天的眼光来看，前苏格拉底学派堪称先知先觉。他们之中甚至有一位思想家认为地球并不处于宇宙的中心：克罗顿的菲洛劳斯（Philolaos）将“中央之火”作为能量供给置于此处，不要把它同太阳混淆在一起。太阳和地球、月亮、恒星以及当时已为人知的行星——水星、金星、火星、土星和木星一样，是围绕着人类从未谋面的中央之火运动的。之所以无法看到中央之火，是因为人类居住在地球背对中心的那一侧。此外，菲洛劳斯还引入了一个“反地球”，它在中央之火的另一侧如地球在镜像中运行；而且对人类来说，它也同样是永远深藏不露的。这恐怕是有史以来的第一个没有神灵栖居的平行宇宙了。搞个反地球目的何在呢？出于审美原因。菲洛劳斯想把运动的天体数量增加到特殊的数字——10。

公元前310年，哲学家、天文学家兼数学家阿里斯塔克（Aristarch）出生于希腊的萨摩斯岛（Samos）上。他最终首次真正地勾勒出了一个以太阳为中心的宇宙。阿里斯塔克如今亦被称为“古典时期的哥白尼”。他通过测角法计算出了太阳和月亮的距离与直径。虽然由于一些测量偏差导致了他明显的估算错误，但是他认识到太阳比地球大得多，而月亮比地球小。很可能正因为如此，他才把太阳置于宇宙的中心，让行星围绕太阳运行并且仅让月亮围绕地球运行。这是惊人正确的太阳系。先于哥白尼近两千年，阿里斯塔克就拟就出了太阳中心说的世界观。

如果宇宙学坚守在当时的这些思想上，是否就可以避免两千年的迷途远行了呢？不可能。当时人们没有理由相信原子论者的多重宇宙或是阿里斯塔克的太阳系。重要的不仅仅是正确的思想，而且还要有充分的理由来说明。

当时的目力所及只能是让你相信地球静立于宇宙的中心。如果真是这样，地球要围绕自己的轴自转的话，难道不得需要持久的风吹送吗？可人们丝毫感觉不到自转。沉重的自然要素水和土不会按照亚里士多德的学说那样直奔宇宙的中心而去？因为人们一松手，所有的东西总是直线落地——即使是在圆圆的地球的另一侧亦是如此——所以，地球只能静立于世界的中心。此外，倘若地球是围绕太阳或中央之火运行的，星星也该根据地球位置的不同而在不同的角度出现：根据所谓星体视差

(Sternparallaxe) 的原理。但丝毫看不到这些现象——至少古希腊人看不到。确实存在星体视差，但是因为星体距离太遥远了，所以视差十分微小，没有望远镜是无法分辨出来的。

亚里士多德为太阳系排序

我们不能因为柏拉图（Platon）和他的学生亚里士多德优先选择了地球中心说的世界观而耿耿于怀，也没人会因为一个克罗狄斯·托勒密（Claudius Ptolemäus）认为毕达哥拉斯的地球是运动着的想法是“可笑至极”而怀恨在心。公元前 4 世纪，亚里士多德勾勒出了一个宇宙，后来托勒密又加以补充，这个宇宙主宰了其后两千年的西方天文学。

在亚里士多德的宇宙的中心静立着地球。宇宙外围圈围着一个旋转的球形壳体，星星固定在壳体之上。包括太阳和月亮在内的行星在地球与恒星之间的空间内运行，而且每颗行星都是匀速地、在一个圆形轨道上运行。为什么呢？出于美学的原因：柏拉图认为，只有这样的运动才适合球体；亚里士多德论证道，只有圆周运动也才能同时是无限的。两位哲学家影响力颇大，以至于大家照单全收了他们关于行星作圆周运动的学说。“科学中，再没有任何其他理论上的设想曾被如此长期地视为有效。”哲学家马丁·卡利尔如是说。就连后来的哥白尼对于圆周运动也不曾有过动摇。直到 17 世纪，约翰尼斯·开普勒才大胆以椭圆取而代之。

柏拉图和亚里士多德给天文学家们交代了未来两千年的家庭作业：通过圆周运动来解释所观察到的行星轨道！十分棘手。没有哪个天体越过天空径直划下一个圆。天文学家们不仅要关注行星和星星每天的绕地旋转，而且还要注意行星每年相对于星星的运动。而这些运动显然既非匀速、亦非圆形。

最好心的还有太阳。从地球的角度观察，它在一年当中是匀速通过黄道带的十二宫的——冬至起步于摩羯座，向东行进，夏天经过巨蟹座，最后于 11 月底来到人马座。横越每个星座，它大概需要一个月。

相反，金星、水星、火星、木星和土星则有规律地摇摇摆摆出没于空中。公元前 8 世纪，巴比伦人就知道这些了，他们记录了月亮、星星和行星的位置。行星也经过黄道带，但时快时慢，有时还会向西有一小段逆行。另外，水星和金星仅出现在太阳附近，有时在太阳东面充当长庚星，然后又跑到西面扮作启明星。

亚里士多德利用物理学上的机械论来解释这种混乱局面。他认为，宇宙是由 55 个透明的球形壳体或者水晶球组成的，它们都围绕着一个共同的点旋转：地球的中心，同时也是宇宙的中心。7 颗行星（月亮、水星、金星、太阳、火星、木星、土星）中的每一颗都分别被两个壳体嵌围在里面并被其移动，此外，一颗行星的每个壳体分别与邻近行星的另一壳体相接触。最外层的壳体上附着着星星。壳体在“第一推动者”的作用下保持着摆动的状态，这个推手是某种精神上的东西，至于其本质是什么，亚里士多德没有提及。运动从一个球形壳体到另一个球形壳体层层向内传递，类似于一个传动装置。古典时期的天体物理学是精湛成熟的。亚里士多德罢免了神祇担当星体推手的职责。但是，宙斯及其众神同行是无法如此简单取代的。在亚里士多德的 55 个球体中，他要保证 7 颗行星的独立运行就需要动用其中的 22 个。若要对行星的旋转运动做出令人满意的描述，这 22 个还是不够用的。后来的天文学家们对天空所作的更为精确的观察与此说的矛盾分歧也变得显而易见。亚里士多德之后整整 500 年，救星终于降临——克罗狄斯·托勒密，他是古典时期的最后一位天文学家。他为地心说的世界观补充了各种各样的辅助结构，以使理论与观察重新又协调一致起来。

可以这样设想，亚里士多德的宇宙与托勒密的宇宙之间的差别就如同连环旋转木马与华尔兹列车之间的区别。华尔兹列车就是每年集市上的那种旋转器械，吊篮是固定在旋转的圆盘上的，而该圆盘又在一个较大的旋转圆盘边缘来回转动。乘坐时，就会在空中时快时慢地驰过，因为吊篮时而与大圆盘同向转动，时而又逆向而行。

托勒密的世界观是一个巨大的华尔兹列车。托勒密假设了许许多多的主圆和辅助圆，后者又称之为周转圆，用以描述行星纷繁复杂的运动。行星像华尔兹列车的吊篮一样在一个小的圆形轨道（即：周转圆）上运动，其中心在一个大的圆形轨道上运转。托勒密以这样的方式可以解释人们观察到的、而亚里士多德却又无法解释的许多现象。

他的体系太笨拙，但却起作用。1400 年来，天文学家们都满足于托勒密的圆盘连环套。因此，地心说世界观自亚里士多德以来得以坚守足足 2000 年。2000 年啊！比较一下吧：哥白尼世界观有着近 500 年的历史，现代的原始大爆炸理论 80 年了，量子物理学的多世界诠释有 50 年了，弦理论的多重宇宙理论 10 年了。可以说，地心说世界观是迄今为止最为成功的宇宙模式了。它是怎么得以存在如此漫长的时间的呢？最后它为什么还是崩溃了呢？这些问题的答案说明了有关世界观的来龙去脉的很多问题。

天文学家撰写星相

如果认为托勒密的世界观被取代的原因是它对行星轨道的预测不准且由于补充进了越来越多的辅助圆而变得过于复杂，这只是些陈词滥调。即使是哥白尼也需要众多的辅助圆，因为他也执著于圆形轨道，尽管行星实际上是以椭圆轨道运行的。16 世纪，蒂宾根（Tübingen）的数学家约翰尼斯·斯图弗勒（Johannes Stoeffler）借助于托勒密体系计算出了行星的轨道；在巴黎，数学家约翰尼斯·施陶蒂乌斯（Johannes Staudius）计算时使用了哥白尼体系。历史学家欧文·金格里奇（Owen Gingerich）将两套表格与真实的坐标加以比对。结果是：二者同样糟糕，均不符合观察到的现象。“从纯粹实用的角度考虑，哥白尼新的行星体系是个败笔，”托马斯·库恩也总结道，“它既不比其前身托勒密体系更精确，也不比之简单得多。”直到开普勒才正确地计算出来，以椭圆替代了圆。

理论上，暂时还没有理由脱离地心说世界观。而实践上，却存在着一个重要的理由来坚守阵地。天文学在当时是应用科学，它被人们视为侍奉占星术的女仆。根据行星和星星的位置，天文学家们编订出星相。很多人置行星力学于不顾，依然相信天空对其命运存在着影响。克罗狄斯·托勒密不仅撰写了天文学的经典著作《天文学大成》（*Almagest*），他还以《四书》（*Tetrabiblos*）一书创作了星占行业的圣经。

教会在中世纪初期拒绝星相，但到了基督教创立之初和中世纪晚期，人们容忍了占星术。大学里开设了这门课程，它也深受民众和贵族的喜爱。和今天的政府首脑需要聘请伦理学顾问一样，那时的当权者要咨询他们的私人星占学家。随着印刷术的发明，附有占星内容的年历成为了畅销书。书中标注月亮在星座中的位置并预言有利于放血的时刻。像纽伦堡和格拉茨（Graz）这些城市为此都有自己的历书撰写人，他们还必须提交每年的预测：对天气、战争的危险、自然灾害和瘟疫的预测。如果财力允许，可以请教星占学家，以查明盗窃案或是寻求个人抉择上的帮助等等。很多星占学家由于木星和土星相会而预言1524年会有十分严重的洪水发生。自然灾害并没有降临，但却爆发了农民战争。如果星占学家们完全失算的话，他们总能够将责任推卸到行星轨道的计算错误上去。

占星术在地心说世界观中比在日心说世界观中显得更符合逻辑：如果地球静立于中心，人间发生的一切都清清楚楚地衬托出明亮的天体。反之，如果地球仅仅是众多行星中的一颗，那么，天空与地球的划分就会陷于混乱。哥白尼不仅动摇了天体的位置，而且撼动了其同时代人的生存世界。

哲学家和历史学家思来想去，一个新的科学假说或理论究竟应该做出怎样的成绩，才能够破旧立新。它必须与经验和实验协调一致，它应该简单，尽量不采用临时假说。另外，它本身应该不会自相矛盾，尽可能放之四海而皆准，而且应该做出新的预测。哥白尼的行星运动理论很好地满足了上述的多条准则。只是哥白尼革命开始于16世纪，为什么不是在13世纪或14世纪？“这是一个转变的世纪”，科学史学家欧文·金格里奇说道。这是哥白尼、路德、达·芬奇（da Vinci）和帕拉赛尔苏斯（Paracelsus）的时代。“在许多方面，世界做好了重新审视宇宙的革新准备。”

金星证实新的世界观

尼古拉·哥白尼在合适的时间有了合适的想法，但是一开始几乎无人注意到这一点。他的第一本出版物《短论》（*Commentariolus*）不过是

20页的论点文稿。自1510年开始，它以少量的手抄本形式流传开来。直到1543年，哥白尼逝世前不久，他的主要著作《天体运行论》才出版。这是一本给专家看的枯燥无味的论著，包含了400多页的文字和图表，囊括了关于星星位置和行星轨道的无穷无尽的数列。除了宇宙，哥白尼教士还有其他的烦恼：他得管理修建大教堂的财务，确定捐税数额，思考硬币改革，还得雇佣女管家安娜。下班后，他则从事于历史上最大的科学革命。在《短论》中，哥白尼勾勒出了日心说世界观的七项“要求”：

1. 天体没有共同的中心。

2. 地球的中心并非世界的中心，而仅仅是重力和月亮周期的中心。

3. 所有轨道圆周都围绕着太阳，就仿佛太阳位于正中央似的。因此，世界的中心位于太阳附近。

4. 地球与太阳的距离和地球与星空的距离相比，小得难以察觉。

5. 地球每天围绕自己的轴旋转一周；星空则不运动。

6. 我们认为是太阳在运动，其原因是由于地球和我们借以环绕太阳运行的球形壳体在运动。

7. 行星看似逆行的运动应归结于地球的运动。

第二个论点和第三个论点是日心说行星体系的核心：地球是一颗行星，和其他的所有行星一样（除了月球是个例外）也围绕着太阳运行。第四条要求将星空置于遥远之处，这一临时假说是必要的，因为如果不是这样的话，人们就必须观察得到星体视差：星星必须根据季节的不同而出现在不同的角度下。哥白尼没有触及亚里士多德物理学的两个重要原理：行星受球形壳体之力而运动，并且它们在圆形轨道上做匀速运动。此外，宇宙依然是有限的，受限于星体区域。

该理论是否与经验相一致呢？不是特别相符——这正是促使哥白尼一再推迟《天体运行论》一书的出版并最终质疑古希腊人的观察数据的

原因。再者，该理论需要对极其遥远的星空进行推测性的假设。不管怎样，它还是做出了新的预测：在日心说世界观中，金星一定和月亮一样具有不同的位相，也就是说，根据其相对于太阳的位置的不同有时呈现镰刀形、有时显露正圆形。不过，如果没有望远镜是无法观察得到这一预测现象的，而当时还没有望远镜。

1514 年，罗马教皇历书改革委员会还是请哥白尼阐明了他的想法。1533 年，罗马教皇克莱蒙七世（Clement Ⅶ）让一位秘书为自己解释哥白尼关于地球运动所写的文字。1536 年，红衣主教尼古拉·勋伯格（Nicolaus von Schönberg）甚至鼓励哥白尼将其思想付梓出版。只要纯粹是为了计算，为了能够更好地描述天空现象而进行计算练习在当时根本不是禁区。因为那时的神学家，包括新的新教徒，都是忠实于《圣经》（*Bibel*）的唯实论者，而静止的地球在《旧约》（*das Alte Testament*）和《新约》（*das Neue Testament*）里都有明明白白的记载："一代人走了，另一代人来了；而地球却岿然不动直至永恒。太阳升起又落下并且跑到它又将升起的地方。"（《所罗门》*Salomo* 1：4－5）或者："因而几乎一整天太阳都待在天空的中央而不急于落下。"（《约书亚记》*Josua* 10：12－13）。《诗篇》（*Psalm*）93 中写道："耶和华作王，华服装扮……他创立了地球，地球坚定不动摇。"

所以，哥白尼的世界观有个麻烦，它与《圣经》相矛盾。如果没有举足轻重的优势：优美与文雅，这一矛盾在当时就足以构成迅速遭人遗忘的理由。于是，对于金星和水星为什么总是只能在太阳附近观察得到这一问题就有了一个容易理解的解释：因为它们是围绕太阳运行的最内侧的两颗行星。托勒密不得不简单宣称，水星和金星的辅助圆不可思议地以与太阳同步的速度绕地而行。对火星的逆行运动，哥白尼也是一目了然：地球在其公转轨道上超过了火星。

导致哥白尼模式成功的决定性因素为：那个时代的重要自然科学家认识到其优点并进一步发展了它。第谷·布拉赫废除了球形壳体，约翰尼斯·开普勒抛弃了行星千篇一律的圆周运动。伽利略于 1610 年秋天用他的望远镜看到了金星的位相，这才出现了突破。用地心说世界观是无法解释这一现象的。

当教会看到他们的世界观摇摇欲坠，便使用权力反击。1616 年，宗教法庭将哥白尼体系列入禁书目录。1633 年伽利略受审之后，哥白尼体系在各处都被视为绝对的禁忌。伽利略终身监禁，去世后于 1642 年 1 月 8 日下葬，没有举行大型仪式。然而，新的世界观已经出炉并克服重重阻力慢慢地、不可逆转地获得了认可。

如今，哥白尼世界观已所剩无几，仅留下了太阳系和宇宙学的“哥白尼原理”。据此，人在宇宙中并无特权，而是处于无限宇宙空间的一个特别普通的地方。哥白尼这个规规矩矩的教士自然没有料到会是这样。如果早知如此，他恐怕宁愿将自己的名字剔除出去。

第三章
宇宙无穷

太阳系，其中还有人，远离银河的中心。我觉得这个设想很可爱，人不是那么一只硕大的孵蛋的母鸡。

——哈洛·沙普利（Harlow Shapley），天体物理学家，1969 年

哈洛·沙普利坐着火车的一等车厢前去参加论战，从洛杉矶到华盛顿，行李箱里装着内裤和衬衫，一支牙刷，一个蚂蚁搜集罐以及 19 页的手稿，上面写满了铅笔作的笔记。国家科学院 1920 年 4 月邀请沙普利参加一场公开演讲对决，演讲题目为：宇宙的尺度。演讲之后举行宴会。

阿尔伯特·爱因斯坦会来，还有来自首都的科学界知名人士以及来自哈佛的富有影响力的天文学家。沙普利的对手是身着细条纹西装、47 岁的希伯·柯蒂斯（Heber Curtis），加利福尼亚利克（Lick）天文台的天文学家。柯蒂斯认为，在我们的银河系之外还存在着和我们十分相似的其他的银河系。沙普利则认为，宇宙仅仅是由我们这个银河系组成的，但它比迄今人们所能想象的要大上十倍。

对沙普利来说，很多事情都是赌运气。他没有什么获胜的希望，34 岁，牧牛农场主的儿子，在密苏里州乡下长大。16 岁时作为警察局记者为堪萨斯州夏奴特的地方报《每日太阳报》（*Daily Sun*）撰写关于石油工人酒后互相开枪射击事件的报道。年轻的沙普利打算学习新闻专业，但他的大学课程开课时间延期了。他再次翻开课程设置目录，列在首位的是考古学，“这个我当时可说不出口”，他后来回忆道。下一个专业是天文学，沙普利于是和星星打起了交道。

哈洛·沙普利，梳着侧分头，嘴部特征显著，是个雄心勃勃的人，在生活中遇到困难会坚忍不拔坚持到底的人。一位同事评论他说：“在

我认识的人当中，没有比他理解力更强、像他那样机智灵活、善于应对的人了，洒脱得没有一星半点可称得上是谦虚谨慎的影子。”另一位同事谈到他则想起了渔夫和金鱼的故事。有魔法的鱼满足了渔夫提出的所有愿望，可是最后他荒唐透顶的老婆居然想当女皇。在这个比喻中，沙普利就是渔夫的老婆。

1920 年 4 月 26 日在国家自然历史博物馆举行的决赛也会影响到沙普利日后的职场进阶。他想成为哈佛大学（Harvard-College）天文台的台长。他不能有丝毫的露怯。可是，他的对手柯蒂斯口才极佳，教过拉丁文和希腊语，是个举止得体的科学家。柯蒂斯将会脱稿演讲，而沙普利标注上了每一个逗号。每人均有 40 分钟的时间作陈述报告，然后进行辩论。沙普利在洛杉矶登上列车之时，就已经这么协商好了。

希伯·柯蒂斯也从加利福尼亚前往华盛顿，乘坐的是同一趟火车。一决雌雄的两位选手冷不丁打了个照面，而且他们还要同行 4000 多公里的路程。他们闲聊起来，谈古典语言，谈花卉，谈沙普利的爱好——蚂蚁，就是没有谈星星。“聊得很愉快，”沙普利在自传中写道，“但是，我们都有意回避了争论的题目：大辩论。”

1920 年 4 月 26 日的对决会作为“大辩论”载入史册。那天晚上，关于宇宙的尺度以及人在其中的位置的争论达到了高潮。又一次触及了上回的问题：宇宙是无限的吗？星星在哪里？除了星星还有其他什么吗？每每提及这些问题，一个基本问题一而再、再而三地回荡在空中：人究竟是否能有一天理解宇宙？

康德惊异于云雾

大辩论把自哥白尼革命以来三百年的宇宙学聚集到了三个小时的焦点上。1920 年，宇宙学面临着范式的转变。以前学者们认为，我们的银河系就是整个宇宙，而此时却突然改头换面：宇宙看来是无限的，而银河仅仅是其中的一小块碎渣。以宇宙为中心的世界观替换下了以银河为中心的世界观。在从一览无余的世界向一望无垠的宇宙进发的路上，更好的望远镜发挥了重要的作用，它们探测着空间的边际。几百年来关于宇宙的古老问题最终通过简单易想的方式得以澄清：干脆查看一下吧。

当时夜空中出现了几个令人困惑不解的现象，这是最大的谜团之一，但也是理解宇宙的关键：椭圆形、像云雾一样的斑点。英国自然科学家埃德蒙·哈雷（Edmond Halley）1716年曾描写过六团这样的云雾，其中之一是在仙女座。这会是什么呢？哈雷以为那纯粹是光，是圣经故事中光先于太阳而产生的一个证据。法国天文学家皮埃尔—路易·莫佩尔蒂（Pierre-Louis de Maupertuis）则相信那是巨大的天体，由于旋转而变得扁平。他的同胞皮埃尔—西蒙·拉普拉斯（Pierre-Simon Laplace）预测那是庞大的尘雾，它们正在形成一颗星星。

康德觉得所有的说法都是错误的，他年轻时曾仔细地研究过宇宙的构造。这位哲学家31岁时在《自然通史和天体理论》（*Allgemeine Naturgeschichte und Theorie des Himmels*）中写道："我观察了那些莫佩尔蒂先生在论文中认为是星体的云雾状星星的样子，我很容易就能确认它们可能就是许多恒星聚集在一起而已。"如果康德亲历大辩论的现场，他会站在柯蒂斯一边：康德和他一样，揣测宇宙深处存在着遥远的世界岛屿。他的估计也应该是对的，哈雷所看到的是另一些银河外星系。不过，康德生于1724年，为了能够亲眼看到自己的理论得到证实，就得活到200岁。证实所必需的工具是几架史上制造过的质量最好、倍数最高的望远镜。

1845年，爱尔兰天文学家威廉·帕森思，别名罗斯伯爵（William Parsons alias Lord Rosse），在其庄园里开始使用一架望远镜。在19世纪剩下的岁月里，它依然是世界最大的望远镜。工程师们为它铸造了一个3吨重、直径1.8米的镜子。望远镜镜筒长16.5米，托架有四层楼高。这个庞然大物以"帕森思城的列维亚森"而著称（"列维亚森"是《圣经·旧约》中描述的一种大海怪，常用来称呼那些庞然大物——译者注）。爱尔兰中部的条件对于天文学家来说不太理想，常常阴雨天气，雾气蒙蒙。伯爵用托座架起望远镜。"这里的天气还总是那么恼人——但还不至于可恶透顶"，他在给妻子的信中写道。在能够透过云层观察的夜晚，他观察到了当时最为轰动的几个现象。帕森思以前所未有的分辨率目睹了夜空中的一团神秘的云雾。云雾呈螺旋状，在一个分叉的尽头有一处小的旋涡。伯爵制作了一份图纸，据说它启发了凡·高（Vincent van Gogh）的灵感。他的油画《星夜》(*Sternennacht*）永恒地记载了一个相似的现象。

罗斯伯爵说，“星星相当不错地粘住了”云雾。其他的云雾在他的望远镜里看来也好像是聚集的星星。测绘似乎在康德身后证实了他的想法，但还远远无法证明它们是世界岛屿的论点。要想证明，首先还得研究人员测量出星云的距离。它们是在我们的银河系范围之内，还是之外呢？必须设法搞定一把可靠的量天尺。天文学家开始寻找可以从外表看出其距离的星星。

闪烁的星星作为量天尺

星星距离地球越远，它在夜空中就显得越微弱。所以，从表面上看到的亮度可以推测出星星的距离。不过，亮度还取决于星星的大小、温度及其化学成分。如果天文学家打算从星星表面上看到的亮度计算出它的距离，他们就必须还要知道星星实际发射多少光，他们必须了解它的绝对亮度。而为了搞清楚这些，他们还是得知道星星的距离——思路陷入循环状态。哈佛大学天文台失聪的女天文学家赫丽塔·勒维特（Henrietta Leavitt）打破了这一循环。她发现了一类星星，人们可以在一定程度上看出它的距离。量天尺找到了。

位于马萨诸塞州剑桥的哈佛大学天文台具有最新的天文学技术：照片底片。人们可以把曝光的照片底片叠放在一起，直接比较星星的位置，而不是用眼睛估计亮度。赫丽塔·勒维特 1868 年出生在一个牧师的家庭，她对星星的执著一发而不可收，以至于得了个“星痴”的外号。她最关注那类捉摸不定的星星，它们会几天一个周期地改变自己的亮度：造父变星（Cepheiden），它们是根据仙王座 δ（Delta Cephei）而得名的，正是在仙王座 δ 上面人们首次观察到了闪耀现象。（造父变星是巨星，今天我们知道，它的大气圈由于万有引力和加热升温的交替作用而发生脉动。）勒维特在研究小麦哲伦星云中的 25 颗造父变星时有了一个影响重大的发现：星星闪耀得越快，它们照射的亮度越微弱。这就好比她发现了位置遥远的白炽灯泡的功率数。

现在，天文学家也可以观察得到其他银河外星系中闪烁的星星了。凭借着勒维特的发现，他们能够从闪耀的频率计算出两个造父变星之间的相对距离。接下来他们只需要校准这把量天尺，以便还可以估算出以光年或者公里为单位的绝对距离。哈洛·沙普利做到了。他研究了银河系中的11颗造父变星，它们会根据季节的不同而发生轻微的变化，据此他计算出了这些造父变星与地球的绝对距离。1918年，他宣布了采用赫丽塔·勒维特测量法计算出来的这些数据——量天尺大功告成。

于是沙普利开始探索天空中其他的造父变星，以便得到银河系的三维映像并测定世界的范围。这是一个大胆冒险的计划——结果也轰动异常：沙普利的宇宙冲破了人们此前所能想象的所有尺度。根据他的测算，银河系的形状是一个硕大无朋的铁饼圆盘，直径为300 000光年，厚度为30 000光年。太阳的位置距此圆盘的中心65 000光年之遥。“那真是个震撼人心的事情，”无神论者沙普利后来写道，“重新确定了人在宇宙中的位置。”想到“人不是那么一只硕大的孵蛋的母鸡”，他满心欢喜。他认为世界岛屿之谜也已被揭开：那些云雾（星云）的距离最多为220 000光年，因而位于银河系内。银河系就是宇宙。

无限获胜

这些果决有力的观点遇到了阻力。天文学家们批评说，对11颗造父变星的测量太不靠谱，无法在这个基础上建造宇宙。“完全错误”，竞争对手利克天文台的希伯·柯蒂斯评论道。柯蒂斯和他的同事们认为银河系要小得多，直径为30 000光年，厚度为5000光年，而且他们认为那些云雾是宇宙岛屿——和我们的银河系一样的银河外星系——，距离2 000 000光年或更远。银河系是大是小？交锋双方僵持不下。此时此刻，也该好好探讨一下宇宙的范围了。

1920年4月26日的夜晚冗长地进行着。300名宾客莅临宴会，其中大多数是科学家偕夫人参加，还有政治家、研究机构的领导。沙普利和柯蒂斯发言之前，国家科学院还要颁发若干奖项：摩纳哥亲王荣获了海洋研究奖，荷兰大使馆的一名职员代替物理学家彼得·塞曼（Pieter Zeeman）领受了一枚奖章，一位政府官员因为控制住了钩虫病的疫情而获得了荣誉。祝词接二连三，发言一个赛一个地冗长。爱因斯坦在纸片上密密麻麻地做着笔记，然后偷偷塞进那个荷兰人的手中："我刚刚发现了一个新的无穷论。"

然后就轮到了沙普利，他有40分钟的演讲时间。沙普利宣读了手稿，汇报了银河系巨大范围的测量结果，响起了礼节性的掌声。接下来是希伯·柯蒂斯，同样发言40分钟。柯蒂斯展示了关于遥远的世界岛屿的最重要的论点的幻灯，而且是脱稿演讲。"他吐字清晰，毫不怯场。"沙普利事后回忆道。柯蒂斯抨击了沙普利的量天尺，沙普利质疑了柯蒂斯的一些数据。柯蒂斯回击道："有些观测是毫无价值的，其他那些观测也是毫无价值的。但是，两个毫无价值的观测也无法胜过一个毫无价值的观测。"全场哗然。在后面的辩论中，还是柯蒂斯表现更为突出。

一个月后，柯蒂斯在给家人的信中写道："华盛顿的辩论进展顺利。人家向我打包票，说我是领先几步冲过终点线的。"沙普利的导师亨利·罗素（Henry Russell）认为，沙普利得赶紧修炼修炼自己的辩才。要说他的论战表现或许也并非是一败涂地。当提名候选人谢绝上任后，沙普利得到了哈佛大学天文台台长一职。

从辩才来讲，柯蒂斯可能说服了大家；从天文学家的角度上看，辩论胜负难分。今天我们知道：两位科学家说得都有道理，可他们俩又都搞错了。哈洛·沙普利设想银河系比通常所想象的范围要大得多，这个想法是对的。（不过，他估计错了一个因数3——银河系的直径约为100 000光年，而不是300 000——，因为他忽略了各星系间尘土对星光的吸收。）他在把宇宙云雾置于银河内部这方面犯了错误。而希伯·柯蒂斯呢，把银河设想得太小了，但他对于银河仅仅是浩瀚宇宙中众多星系之一以及在外部还存在着许多世界岛屿，即星系的估计是对的。要下这样的论断，1920年的观测结果还不够精细准确。

大辩论结束4年后，威尔逊山（Mount-Wilson）天文台的天文学家埃德温·哈勃（Edwin Hubble）找到了存在遥远的银河外星系的决定性的证据。他用一架新的望远镜在仙女座星云中发现了一颗造父变星并计算出了它与地球的距离。星云距离地球大约900 000光年，即：在银河系之外很远的地方。毫无疑问，这是我们自己的银河系之外的一个遥远的星系。

哈勃致函沙普利并告知他的新成果。沙普利读信时，正巧有一位同事在他的办公室。沙普利抬眼对他说道："这有一封信，它摧毁了我的宇宙。"

第四章

初学者的多重宇宙

克莉奥佩特拉：

如果真的爱我，那么告诉我，有多少？

安东尼：

可怜卑微的爱才是可以计数的！

克莉奥佩特拉：

我要为你的爱立上界石！

安东尼：

那你得创造新的地球和天空！

——莎士比亚（William Shakespeare）

《安东尼与克莉奥佩特拉》（*Antonius und Kleopatra*），1607 年

威尼斯，1592 年 5 月 23 日：天主教宗教法庭的一艘威尼斯游艇带着一名多明我会的修道士来到了圣多米尼克城堡修道院。接待的气氛是冷冰冰的，修道士乔尔丹诺・布鲁诺享受不到僧侣团僧侣的热情好客，他是他们的囚犯。布鲁诺抵达监狱，和名义上的巫师妖婆、奸夫淫妇以及精神错乱者关押在了一起。他给牢狱里的其他犯人留下了持久的印象。“他说，上帝迫切需要这个世界，正如这个世界迫切需要上帝；如果没有这个世界，上帝就什么都不是；所以，除了创造新世界外，上帝什么都不做。”一个同牢囚犯后来回忆道。

布鲁诺不是被逮捕的，他是因为触犯了天主教的一条戒律。他毕生都只是在演说和写作，但是他竟敢动摇教会不容争议的可靠性。他对圣餐仪式时面包会变成基督的躯体抱有怀疑，而且他放肆地嘲笑亚里士多

德以地球为中心的有限的宇宙论是“幼稚可笑”的，并居然以无限的宇宙观分庭抗礼。布鲁诺做出如此举动并非求知欲使然，而是他想故意激怒教会，他成功了。

布鲁诺和宗教法庭的法官们争论了 8 年之久，有时他收回观点，然后又重新开始挑衅。这个来自维苏威火山脚下诺拉镇（Nola）的雇佣兵的儿子有着意大利南部粗鲁的表达方式，这惹恼了威尼斯神圣尊贵的先生们，他们随即将其移交罗马。1600 年 2 月 17 日，罗马城编年史是这样记载的：他“被法院的官员们带到了百花广场并剥下了衣服，一直有连祷的唱和以及实施灵魂帮助的牧师做伴。他们自始至终都在规劝他不要冥顽不化，而他最终固执己见地结束了自己贫寒、不幸的一生”。布鲁诺烧死在木柴垛上。据说他曾对法官们说：“你们宣读判决时的恐惧恐怕比我接受判决时的恐惧还要大。”

宗教法庭用残暴的强制力阐明：宇宙是有限的。即使在几百年的进程当中总是有学者把宇宙稍稍扩大一些，但是直到 20 世纪宇宙依然是有限的：从哥白尼和布鲁诺之前的几千公里的直径直到德国天文学家弗里德里希·贝塞尔（Friedrich Bessel）19 世纪测量出星体的距离之后的几千光年的直径。这虽然庞大，可还是可以一览无余。而后到了 1920 年，开展了大辩论。研究领域突破了一切尺度，宇宙学家们应该感到欣慰了。再也看不到什么边界了，诺拉镇的异教徒是正确的!

虚无的震慑

无论乔尔丹诺·布鲁诺宣布他的法官们具有怎样的“恐惧”，这种恐惧的根源都在于 Horror infiniti：对无限性的惊恐（希腊人认为无限是令人恐怖的。——译者注）。设想存在某种东西会超越一切尺度一直是令人毛骨悚然的。“单是想到要在这个无法度量的宇宙中四处瞎闯乱撞地重新找到自己”，宗教情结深沉的约翰尼斯·开普勒坦白说，就会让他“暗自不寒而栗”。对他来说，无限的只能是上帝的尺度，而不是星星的数量，更不可能是空空荡荡的空间。17 世纪时，法国哲学家布莱斯·帕斯卡（Blaise Pascal）承认：“无限空间的永恒的沉默令我惊恐。”1948

年，当犹太哲学家马丁·布伯（Martin Buber）试图去设想“空间的边界或者空间的无边无际”时，竟产生了自杀的念头：

> 二者同样是不可能的，同样是希望渺茫的，但看上去似乎只能在这一个和那一个荒谬之间进行选择。迫于难以抗拒的压力，我踉踉跄跄地从一个荒谬撞向另一个荒谬，精神失常的危险有时会逼近，致使我当真打算实施自杀以便及时摆脱变疯的危险。（摘自：《人的困扰》*Das Problem des Menschen*）

而数学家乔治·康托（Georg Cantor）真的被无限逼至疯狂。对无法想象之大的冥思苦想以及和同事们的争论使其陷入抑郁和偏执狂状态。不过，康托的苦难也不是无谓的牺牲。在数学家们和无限斗争了几百年之后，康托终于能够在19世纪制服它了。他认识到可以如何定义无限数，并发现适用于它们的运算法则与有限数的运算法则是不同的。譬如，如果把两个无限数相加或相乘，并不会得出一个更大的结果。只有一个数是另一个数的乘方时，结果才总是会变大的。也就是说，存在着一系列越来越大的无穷尽。自康托以来的数学家们可以游刃有余地应付无限性了。但现在又出现了一个问题：物理世界也存在这种无限性吗？抑或这仅仅是个思想游戏？

可以救助自己面对无限时的精神健康状况的马丁·布伯把这一两难窘境带到了宇宙学家自宇宙学产生之初就一直面对的地方：无限的空间是不可思议的——但是空间存在尽头同样难以置信。亚里士多德胸有成竹地认为无限的空间是荒谬的，因而也是不可能的，于是用一个外壳包围了他的宇宙，世界干脆就此止步。布鲁诺在其《论无限、宇宙和多个世界》（*Über das Unendliche*，*das Universum und die Welten*）的文章中直言不讳地嘲笑了这一设想：

> 但是，我亲爱的亚里士多德，你说空间就存在于自身之中，是什么意思呢？你打算假设世界之外是什么呢？如果你说：那里是虚无，——那么天空和世界也就存在于虚无之中，也就是说，哪里也不存在。

伽利略对占统治地位的亚里士多德的学说也产生了相似的怀疑，但他较为谨慎地表达了自己的怀疑。1640 年，他在致自然研究学者利赛提（Liceti）的信中谈到了世界的有限性和无限性：

> 有很多充分的理由摆在了面前，它们可以支持这里的每一个观点，但是依我看，没有哪条理由可以致使我们得出具有说服力的结论，所以我继续怀疑这两个回答中究竟哪一个是正确的。我只有某一个论据促使我更倾向于无边无际和无所限制的、而不是有限的[世界]（注意，我在这里并没有借助于想象力，因为我既无法设想一个有限的世界，也无法设想一个无限的世界）：我感觉，我在理解上的无能为力更可能应该归结于无法理解的无限性，而非有限性，因为在有限中不需要任何不可理解性的原理。这幸亏是人的智力所无法解释的问题之一……

换言之：我不清楚，原因恐怕仅可能在于无限性，因为在它面前理解力会缴械投降。伽利略观察到了几颗木星的卫星，这使他的同仁们注意到并非整个世界都是围绕地球旋转的。以此他说服了很多人相信宇宙并不仅仅是我们星球家园的一个房前花园而已。

他甚至使无限恐惧症患者约翰尼斯·开普勒思索起来。1610 年，他向伽利略坦承："如果你也发现过围绕一颗恒星公转的行星的话，那或许意味着我也被放逐到了布鲁诺的无限宇宙中去了。"开普勒应该体验不到这一发现了，但到了 20 世纪末，天文学家们真的在太阳系之外发现了几百颗行星，即所谓的太阳系外行星，它们围绕着遥远的星体运转。

就连艾萨克·牛顿，这位堪称所有时代中最伟大的物理学家，也同有限宇宙和无限宇宙的两难窘境进行着斗争。他试图将二者统一到一个宇宙观中去。一方面，他着迷于亚里士多德的有限性信条；另一方面，他相信存在着一个独立于万物之外而存在的绝对的空间——一种空的容器，亲爱的上帝把星星置入其中。他论证说，这个空间从逻辑上来讲必须是无限的，因为如果不同时设想后面还有一个空间，就无法想象空间的边界。既然我们把我们的世界想象为有限的，那就必须存在着"世界那边的空间”。我们的宇宙——地球、太阳、月亮和星星——是无边无际的世界大洋中的一座岛屿。

可是后来牛顿的伟大发现也成了他自己的拦路虎：重力。这在词义上就致使他的岛屿宇宙坍塌崩溃。因为如果星星只是分布在一个有限的空间上的话，牛顿致信神学家理查德·本特利（Richard Bentley）时写道：“那么，这个空间外侧上的物质就会被其自身的重力引向内部的总体物质，导致坠入整个空间的中心并在那里形成一个巨大的球形物。”也就是说，所有的星体就会横越太空急速奔向它们共同的重心，最终空荡荡的空间中只会飘浮着一个孤独的质量球体。由于天空上的星星显然是保持在它们的位置上，牛顿得出结论，它们一定是分布在无边无际的总体空间上的。

1920 年的大辩论证实了牛顿的逻辑——并且重新唤起了对无限性的惊恐。大辩论给宇宙学家们留下了失落感，就像熟悉自家花园的孩子突然要独自在沙漠里找回自己，无处依靠、无处定位。没人知道有多少颗小星星。或许是多得无穷无尽？

宇宙重获边界

一个一望无垠的浩瀚宇宙——这不仅令人感觉不爽，而且与经验主义的思考背道而驰。自然科学家们想要知道自己在谈论什么。他们想要计数星星、原子和星系。他们想要给宇宙称重量和测尺寸。因此，现代宇宙学家们又让宇宙变得一览无余——通过定义。“宇宙”对他们来说与“可见的宇宙”同义。（人工）目力所及就是宇宙之大。宇宙的边界就是我们的视野。

这就好像宇宙学家聚集在撒哈拉沙漠的中等沙丘之上，仔细环顾四周之后做出决议：世界即可以看到的一切。看上去似乎是相当随意的确定。因为地平线虽然相对于天空呈现出泾渭分明的界线，但是从下一座沙丘之上放眼望去，地平线就会有所位移。不过，在宇宙空间中的定义不会像在沙漠里这样随随便便。我们不可能干脆变换天文观测点，在宇宙的边缘也不可能突然出现穿越的商队。

如果在夜间，您指向天空中自己最喜爱的星座，沿着您的手指想象一条延长线，它穿出地球大气层、越过太阳系、进入到我们的银河系，再从那里穿过空旷的空间抵达其他的星系，那里有几百万、几十亿个星系。然后这条延长线以时间为单位返回。因为天体距离越远，光从它那里抵达我们这里所需要的时间越长。为了能够看到天体，必须有光从它那里射向我们，而这可能花费的时间为：从太阳到地球一亿五千万公里需要 8 分钟，从邻近的仙女座星系到我们这里需要 250 万年。即便是夜空上昏暗的地方也可能有星星形成了，只是它们的光还在赶往我们这里的路上，速度大约为每秒钟 300 000 公里，这是自然的极限速度。而在我们看到星光的地方，星星也许早已踪影全无。因此，投向深邃宇宙的目光也总是投向过去的目光——而这个过去是有限的：这个宇宙 137 亿岁了。我们仅能看到那些光传至我们不会超过 137 亿年的物体。

这便很容易得出这样的结论：可以观测得到的宇宙包括了方圆 137 亿光年以内的一切。而实际上它包括的范围要大得多。在我们和距离最远的可见物体之间约有 450 亿光年。这并不矛盾，因为宇宙在扩展。当遥远的天体的光正在向我们进发的途中，天体又远离了我们一些。我们看到它们的画面时已经过时了几十亿、几百亿年。今天它们是什么样子，要等到 450 亿年之后才能呈现给我们地球人——如果到那时地球和遥远的星体还存在的话。

我们眺望宇宙和沙漠观景是同样有限的。供职于加尔兴市（Garching）的马克斯—普朗克协会等离子物理研究所的天体物理学家君特·哈辛格尔（Günther Hasinger）说：“我们感觉看到了无限，但我们也十分清楚，我们其实也就看了约莫 10 公里远，而地平线之后还有千千万万个地平线。”

如此看来，宇宙就是一个半径足有 4650 亿光年的巨型空间球体，分别拥有几千亿个星体的几千亿个星系迷失其中，一切组成均约为 10^{78} 个原子并充斥着 10^{88} 个光粒子。这个定义就有些奇怪了。如果仔细推敲的话，宇宙学家对“宇宙”的这种理解已经废止了哥白尼革命！因为空间球体的中心就是地球，而我们站在地球之上观测宇宙空间并计算着它的法则。人类重返哥白尼将之驱逐出去的地方：（我们可以看得见的）宇宙的中心。但这次的位置不是上帝的安排，而是科学家们达成共识的有意义的协议。不过，有个问题仍然悬而未决：地平线后面是什么？有人认为脱离实际地瞎搞些关于我们无法看到的东西的理论是胆大妄为之举；而另一些人认为只是由于我们无法看到而否认某个事物的存在则更为狂妄放肆。

无论如何，为了窥探地平线后面的秘密，宇宙学家们当然会使出浑身解数。2008 年，美国宇航局（NASA）的研究人员宣布，他们观测到了某个巨大的物体拉扯我们的宇宙星系的过程：亚历山大·卡什林斯基（Alexander Kashlinsky）和同事们断定，南部天空的半人马星座和船帆星座之间成百上千个星系团共同朝着一个方向飞行，而非乱云飞渡纵横交错——且速度最快高达每秒钟 1000 公里。研究人员花了一年多的时间检验他们得出的数据。这些后来冠名为“暗流”的星系流一直延伸进入到可以观测得到的宇宙中，据卡什林斯基估计，延伸范围或许甚至超越了地平线。“我们的宇宙中的质量分布是无法解释这一运动的。”他说道。那又是什么呢？可能是可以观测得到的宇宙那边的巨大的质量聚积。卡什林斯基的一些同事坚信，邻近的整个宇宙把这些星系向自身拉拽过去。而另一些人不相信平行世界的存在，他们继续在我们的这个宇宙中寻求解释。

今天的宇宙学家们谈论宇宙的时候，表现出轻度的意识分裂症。一方面他们是自然科学家，而自然科学家是有着掌控怪癖的人。把宇宙定义为我们所能看到的一切事物的整体，符合他们的思维方式。不能观察到的事物在他们看来是不真实的，也就不属于宇宙，至少不属于我们的宇宙。

另一方面，自然科学家因为职业的缘故又十分好奇。即使观测得到的宇宙止于宇宙学的地平线上，想象也不会就此止步。地平线后面的世界是如何继续的呢？视野之外的世界是否可能突然大改其观呢？世界是否干脆终止于此？抑或只有空荡荡的空间在继续延伸，而非星体和星系——那么，我们就会像牛顿认为的那样生活在一个岛屿宇宙之中。但是没有很好的证据来证明上述情况。最合乎逻辑的假设是地平线那边的世界和地平线这边的世界大致一样地继续着——正如撒哈拉大沙漠并非立即终止于地平线后。也就是说：外面群星闪耀，但星光从未抵达过我们这里，因为它们距离太遥远了，而且星体形成了星系，星系构成了星系团。这和可以观测得到的宇宙中的情形如出一辙。可以说，宇宙到处看上去都一样。

宇宙学家渐渐将这种形式完全相同的情况提升为原则——不折不扣是他们的原则："宇宙学原则"，这是美国天文物理学家爱德华·米尔恩（Edward Milne）1933 年提出的，是年大辩论过后整整 10 年了。包括小字印刷的原则是这样写的：

1）宇宙空间是均质的，亦即：从任一观测点观察它看上去都是相同的（均质性［Homogenität］）。

2）宇宙空间是各向同性的，亦即：向所有的方向看过去它看上去都是相同的（各向同性［Isotropie］）。

宇宙空间的均质性亦被称作哥白尼原则——它泛化了这样一种认识，即：地球只是众多行星中的一颗，它围绕着众多星体中的一颗旋转，位于众多星系中的一个星系里。我们奇怪的位置在任何方面看都没有什么特殊。

宇宙学原则的两个分特性——均质性和各向同性是彼此独立、互不相干的。譬如：一个足球场馆，从开球点向外看，很大程度上是各向同性的（两个大门除外）。在任何方向上都首先是一块草坪，而后是广告牌，然后是观众席。但这个场馆不是均质的，因为如果从观众席向外看，情景就会大不相同。而国际象棋的棋盘就是均质的，但不是各向同性的：虽然从每一格出发看上去很大程度上都是相同的，但并不是在任何方向上都如此。王后究竟是走到一个黑格上还是一个白格上，要看它是走对角方向还是走直线方向。

我们是否坐在一个巨大而奇怪的洞中？

乍一放眼望向夜空，觉得这个宇宙学原则着实不合情理。高高的天空上看哪儿都不像是各向同性的，大多数星星聚集在银河狭窄的带上，与此垂直的方向上漆黑一片。但是如果借助于较大的距离，情形就大相径庭了。大辩论已经阐明，天文学家通过望远镜发现的云雾状斑点就是遥远的星系。从内部来看，银河就是我们的家乡星云。几十年来，天文学家们发现了越来越多的星系并断定，这些星系均匀分布于苍穹之上。宇宙空间不再有尺度超过大约 1 亿光年的结构了，它是各向同性和均质的。只能是极其粗略地放眼望去。倘若我们能够行至我们可见的宇宙的边缘，我们就会在那里看到一个和从地球上所看到的相似的夜空。这与德国的步行区相仿：无论 H&M、购物中心以及麦当劳各自位于哪些不同的建筑中，只要认识一家，你就认识全部。星体和星系的格局虽然在细节上各不相同，这类似于我们从地球上看到形形色色的星座，但是从远处观察，一切看上去都大同小异。

这么说来，宇宙学原则是可信的，但它不是无可辩驳的真理。有些宇宙学家认为已经发现了某些迹象可以表明我们奇怪的位置并不是典型的。他们解释天文数据说，我们坐在一个巨大而奇怪的洞中，这是一个直径约为 10 亿光年、缺乏物质的中空空间。如果是这样的话，那么，星空虽然看上去是各向同性的，即：在所有方向上是相同的，但是我们周围的宇宙就绝对不是均质的。宇宙就会是一个足球场馆，而非象棋棋盘。

中空空间论是神秘暗能量假说的一个变体，据此理论，宇宙以越来越快的速度膨胀着。两种看法都显得荒谬不经，但是迄今还没有人找到更好的解释来说明观测数据。“如果外面有什么人可以向我们这边看下来并告诉我们，我们是否居住在中空的空间里，那该多棒啊。”美国宇宙学家罗伯特·考德威尔（Robert Caldwell）说道。迄今只有少数几个宇宙学家相信中空空间论，大多数坚持神秘的暗能量——以及哥白尼原则。但是，没有人应该相信这种状况会持续下去。

沙漠全景中的地平线既非边棱、亦非城墙。它的产生是由于地球是个球体，在观察者的眼前发生了弯曲。我们的宇宙的边缘也同样不是什么有形的边界。那里不存在穿不透的墙壁，也没有会跌足深渊的危岩。它是一个信息的边界，正如物理学家们所言，边界后面的事物与我们“在因果关系上相分离”。

宇宙学地平线后面的空间有多大？或许可以猜测得到，但却无法知道。从纯粹数学的角度来看，宇宙空间既可能是无边无际的，同时也可能是有限的：它自身可能就是弯曲的——一个球体表面的三维等效物。在这个宇宙中遨游的宇航员就像坐在一只球上的蚂蚁。无论它们往哪里爬，总是能够继续向前爬。尽管如此，球的表面也还是有限大的。和球一样，宇宙空间可能也是闭合的，但却是无限的——即使连最训练有素的数学家都很难直观地设想它。如果真的是这样，那么，宇宙中的光线会以圆环形式四处游走，就像蚂蚁在球上运动。如果目不转睛地盯看夜空时视力足够敏锐，兴许还看得见自己的后脑勺呢！

宇宙平坦得像北德地区

数学家卡尔·弗里德里希·高斯（Carl Friedrich Gauβ）是第一个检验空间弯曲度的人。1810 年，他测量了布罗肯峰（Brocken）、大岛峰（Inselsberg）和霍尔哈根峰（der Hohe Hagen）山顶之间光线的角度。这位或许堪称历代最伟大的数学家发现，角度之和为 180 度——和每一个平面三角形的情况是一样的，这是每一名小学生都可以告诉给他的结果。如果这个三角形隆起，就会得出不同的角度和。于是，高斯得出结论：我们所生活的空间不是弯曲的，至少在北德地区的空间不是。

对于宇宙空间的其余部分，天文学家们在 21 世纪之初不断重复着高斯的测量。他们采用探空气球和卫星来测量来自宇宙深处的光线的角度——而且证实了高斯的发现。宇宙是平坦的。

人们或许可以认为，没有边际的、平坦的宇宙必然是无限的——就像没有边棱、巨大而平坦的桌面。但是，这是我们空间观念的一种错觉。从数学角度来看，空间可能是平坦、无边际，但却是有尽头的。但只有极少数的宇宙学家会相信这点，大多数人都坚信，包括太阳、月亮、星星和我们人类在内的物理空间在所有方向上都无限远地延展着。“我认为，这个宇宙是无限大的，而且是众多宇宙中的一个。”剑桥大学（University of Cambridge）数学兼物理学教授约翰·巴罗（John Barrow）说道。他相信这一点，却无法证明，而且他也不认为有求证的必要。“我觉得，这些说法原则上是无法证明的，”他说道，“而且不定什么时候我们将会理所当然地接受这一原则。”

巴罗是宇宙学家中的追名逐利者。浅灰色的西装、一丝不苟的侧分头赋予了他男士时装代言人的光辉形象。在过去的30年当中，他发表或出版了417篇专业文章、19本书籍、1本有声读物、1个剧本和36篇网络文章，他作过37场荣誉讲座并获得过32个奖项——在个人网页上，他细致入微地维护着这份清单。他被任命为皇家协会的会员，在梵蒂冈(Vatikan)、首相府以及温莎城堡作过讲座。

他的外表有多顺应潮流，他的思想就有多革命。约翰·巴罗是新宇宙学的先锋之一。对他来说，宇宙学目前标准的世界观俨然已是多重世界观，只是许多宇宙学家还没有注意到。“仅在一个无限的宇宙中就已经存在足够的空间来实现各种可能性：这是一个多重宇宙。”他在《无限大的秘密》（*Einmal Unendlichkeit und zurück*）一书中写道。

将没有尽头的空间解释成为多重宇宙解决了自古以来宇宙学家们纠缠不休的有限与无限之间的两难处境。我们的可见宇宙是有限的、一目了然的，其后面存在的一切可以称之为“其他的宇宙”。乔尔丹诺·布鲁诺如果地下有知的话，他会欢呼雀跃；艾萨克·牛顿兴许也会迟疑地表示赞同，有限的宇宙、无限的空间，他也曾试图让二者握手言和。与无限所作的奋争也曾驱使他走向多重宇宙，不过那是一种连续性的多重宇宙，各个宇宙在其中按照时间先后顺序排列：“在我们的世界体系之前可能还存在过其他的世界体系，”牛顿致信神学家理查德·本特利时写道，“而在这些世界体系之前可能还存在过其他的世界体系，以此类推乃至无穷。”三百年后，宇宙学家们又重拾这一思想。

其他的世界体系？它们和我们的世界有何区别？平素谨言慎行的牛顿陷入了沉思。在其著作《光学》（*Opticks*）1706年第二版中，他写道，或许可以假设，“上帝有能力创造大小和形状各异、与宇宙空间关系各异、并且密度和力量也许也各异的物质微粒，并因此能够使自然法则多样化且得以在宇宙的各个部分创造出各种各样的世界”。异类自然法则大行其道的世界：如果撤除上帝，这个想法就可能援引自一篇关于多重宇宙理论的时文。

无论地平线后面有什么在恭候，根据宇宙学原则它都不可能完全不合常规。只要发展到适当的阶段，总有一天意外惊喜自会从天而降。当约翰·巴罗谈及“实现各种可能性”时，他的的确确指的是各种可能性。对于多重宇宙来说，没有什么是太过疯癫痴狂的。自然法则所容许的一切都在广袤无垠的世界大洋的某个地方发生着。这是纯粹的统计。在一个无限的宇宙空间中存在着无穷多个像我们能够观测得到的宇宙这样大小的事物。由于这些事物中的每一个都只是有限大的，因此，它们只能以有限多的方式充斥着微粒。所以说，我们的宇宙在外面存在着无限多的翻版——以及各种各样的变体。

外面存在着大量的生命

单单是原子在一个无限的空间内跳舞就产生出了一个多重宇宙——这一设想在思想史上有着很深的根源。罗马诗人鲁克雷茨就相信，只要在无限的空间提供足够的、他称之为“胚芽”的原子，便会出现多元的宇宙。在其《论事物的天性》（*Über die Natur der Dinge*）一文中，他恐怕是以诗行的形式撰写出了第一个多重宇宙理论：

倘使此外还有大量物质存在，
倘使亦有空间足够，没有事物与大地相峙以对，
那么，必然要产生生命的活动与生存。
倘使那胚芽为数可计，
存活的生命寿数匮乏，
而保持其中的天性能够以类似的方式
将事物的胚芽带往各方，
正如它将之携至此地，于是你不得不再度承认，
在其他的众世界中还存在着其他的众地球，
上面生活着各色人种和动物族类……
因而我们可以宣称，天空同于此，
地球与海洋同于此，就连太阳、月亮和其他万物亦无例外地

不可能形只影单，而是不计其数，

既然深埋地下的里程碑同样界定着它们的寿命

而且它们同样也是可灭之躯打造

所以作为整个宗族，它在尘世将物种衍生繁育。

维也纳的教授、统计物理学创始人路德维希·玻耳兹曼（Ludwig Boltzmann）将鲁克雷茨在诗行中淋漓尽致的表达总结成了公式。1900年前后的几年当中，玻耳兹曼提出热力学即原子和分子的统计运动——热力学的产生在当时还争议颇大。但玻耳兹曼对此坚信不疑，而且他大胆地思考着遥远世界的存在。于是，在其《气体理论的讲义》（*Vorlesungen über Gastheorie*）中他补充了一个题为《在宇宙上的应用》（*Anwendung auf das Universum*）这一独立的章节。如果自然是与混沌相抗衡，那怎么可能，他发问道，在宇宙空间中会产生诸如银河与太阳系这样秩序井然的构造？他的回答是：虽然在整个宇宙中无序增多，但总是能够有一些地区出现统计波动来制造出更多的秩序。“平时宇宙各处都处于热平衡，即：热寂，然后宇宙中一定是有些地方出现了我们星体空间膨胀的相对较小的区域（我们称之为个体世界），它们在永世的相对较短的时间里大大地偏离了热平衡。”

玻耳兹曼的多重宇宙可能是最简单的了：同样的自然法则放之四海皆准，唯有粒子的排列根据随机原则而有所变化。由于空间无限大，即使是最难以置信的偶然也会随时、随地发生。譬如说这本书就有可能在下一个瞬间自发地从您手中跳出并迈开书页拔腿而逃——如果书的原子的热运动偶然正确地协调配合。或者您可以想象，您房间里的原子自发地形成了一个有意识进行思考的大脑，也许是硅制大脑，也许是血肉之脑。它的可能性微乎其微，但并不违反自然法则。宇宙学家称这种突发性创造为“玻耳兹曼大脑”。

您不必立刻做好精神准备以迎接出乎意料的对话伙伴，因为您很可能得等上几万亿年才会在您身边出现下一个玻耳兹曼大脑。或者远行，去一个可见宇宙之外的遥远地方。不排除您本人就是一个玻耳兹曼大脑的可能性，一秒钟前“扑”的一声从原子的混沌中爆发出来，连同对您此前生活的错误回忆。“我希望，我们不是玻耳兹曼大脑”，亚历山大·维兰金说道，“但是这很难证明。”连玻耳兹曼也不认为，我们的宇宙是从宇宙的混沌中筋疲力尽地使自己物质化的。但是他认为，宇宙是从统计一时冲动的无常中诞生的：它是宇宙混沌中的一座秩序的岛屿。又由于在偶然所统治的、无限的宇宙中，没有什么会总是个别情况，所以，我们的岛屿不可能是唯一的。外面存在着大量的生命，玻耳兹曼成竹在胸，根本无须事先通过望远镜瞄上一眼。

根据统计学法则，其他众世界及其居民最有可能处于我们可见地平线那边遥远的地方。玻耳兹曼试图估算离我们最近的地球外生命的距离。他得出的结论是，可惜他们离我们太过遥远了。外星人可能“永远不会被发现，因为在时间上，永世将他们和我们分离开来，在空间上与我们相距 10 的 10 次方的 10 次方个天狼星距离，此外，他们的语言和我们的语言也不搭界”。和天狼星的距离在当时是计算宇宙距离的通用尺度。玻耳兹曼是如何估算出来的，我们不太清楚，但根据他的计算，我们至少要将大约 $10^{100\,000\,000\,000}$ 个地球人可见的宇宙一个接一个地排列起来，才能遇到有智能的生命。

显然，玻耳兹曼对自己的思想游戏也没有太大的把握。他写道，没有人会“把这种猜想当作重要的科学发现，甚或像古老的哲学家们那样，将其视为科学的最高目标”。但是：“谁知道，它们是否不会拓展我们思想界的视野并通过提高思维的灵活性从而促进对经验上已知事物的认知呢。”玻耳兹曼认为，远离我们自己的世界的众世界位于自然科学的有效范围之外。尽管如此，他还是想了解它们，但是，他在思想上相对于他所在的那个时代太超前了，以至于与之格格不入。原子和地球外生命——这对他的许多物理学家同仁来说太冒险了。1906 年的夏天，玻耳兹曼度假时悬梁自尽，他的世界观与之同逝。

外星人对我们大概不感兴趣……

今天，没有哪位科学家再怀疑原子，玻耳兹曼关于地球外生命的种种推测也显得过于谨慎、而非过于冒失。如果我们的诞生不是归功于一个纯粹的偶然，而是归功于自然的必然过程，那么，这些必然过程很可能在别的什么地方也创造了有智能的生命。估计总共有 10^{22} 个行星围绕着我们宇宙的星体旋转。据某些天文学家估计，单单是银河就包含有几十亿个类地行星。为什么就该是只有我们的星球才有人烟呢？天文学家利用他们的仪器逐渐证实了几百个其他的行星体系，其中一些可能提供舒适宜人的生存条件。只有极少数的科学家还认为，我们拥有的这个宇宙仅仅适于我们自己。

于是，对遥远的生存空间的寻找发展成为一场全球性的科研竞赛。自 2009 年春天开始，美国的宇宙空间望远镜“开普勒”环绕着太阳窥探其他星球的行星。在那里可能会发现氧气和水，或许还是全部的大洋。在未来的几十年当中，美国和欧洲的宇航局据说要派出目光更为敏锐的代表团跟进。一些研究人员在谷歌的扶持下遍寻太空搜索外星人的信号。联系时应该采取什么行动，已经下达了指令：不要回复信号！向联合国秘书长报告。

但是，我们究竟为什么要这么劳神地侧耳倾听？如果宇宙真的充斥着智能生命，为什么我们还是一无所获？这是著名的费米悖论，它是根据意大利原子物理学家、诺贝尔奖获得者恩里科·费米（Enrico Fermi）命名的。1950 年，费米在一次关于 UFO 和外星人的席间谈话时问他的同僚：“他们个个都在哪儿?”——所有那些人都哪儿去了？人们尝试了无数次试图解释。外面的那些人是不是进化程度还不够高？或者已经又灭绝了？我们是不是像玻耳兹曼估计的那样和他们谈岔了？或者他们对我们根本就不感兴趣？纽约城市大学（City University of New York）的物理学家加来道雄（Michio Kaku）就有这样的担心：“假设您散步时看到一群蚂蚁。您会说：‘我送给你们丰富的礼物，请带我去见你们头儿’吗？不会，您会径直向前走。蚂蚁和我们之间的区别比起我们和外面先进发达的文明之间的区别要小。”我们可能是住在星系际飞行通道边上的居民，却很少注意到它，就像蚂蚁注意不到高速公路。

费米悖论的最终解决方案可能就在于多重宇宙。英国科幻作家兼物理学家史蒂芬·巴克斯特（Stephen Baxter）在其三部曲《多重》（*Manifold*）中始终贯穿了这一想法。他认为，智能生命分布在各个宇宙。从长远来看，一个宇宙太小了，容不下两个文明。一个文明会将另一个文明彻底铲除。如果我们有邻居的话，这里就不会再有我们存在了。

第五章

世界的开端

如果没有宇宙学，人类就是瞎子。我们就会既不知道我们从哪里来，也不知道我们向何处去。当我们理解了宇宙大观并了解了我们在宇宙中的位置，我们就更能够享受生活。

——马克斯·铁马克（Max Tegmark），宇宙学家，2008 年

他们有五美元、两瓶白兰地、鸡蛋、烹饪用巧克力和草莓，一个过了期的丹麦摩托车驾驶证和两支桨。他们有个计划：在克里米亚半岛的海滨让折叠式帆布艇下水，划桨向南横越黑海 270 公里，在土耳其海滨上岸，造访丹麦领事馆，然后继续前往哥本哈根——找尼尔斯·玻尔（Niels Bohr）切磋量子物理学。

第一天他们觉得逃亡还挺浪漫。海上风平浪静，他们一路顺遂，遇到了几只海豚随船并行了一段，他们很开心。第二天变了天，他们向前划桨，可是风却把他们向后推，海上白浪滔天。第三天，风暴把折叠式帆布艇里精疲力竭的这一对冲到海岸，离他们的出发点 70 公里之遥。渔夫们把他俩送进了医院。他们回到了苏联。

这是 1932 年，如果柳芭·沃赫明泽娃（Lyuba Vokhminzeva）和她的丈夫乔治·伽莫夫（George Gamow）在黑海中溺水身亡的话，宇宙学的历史就会被改写。逃亡企图失败后七年，乔治·伽莫夫酝酿出原始大爆炸理论。

伽莫夫的想法前所未闻，宇宙或许不曾是恒久存在的，而可能有过开端，有过物质、空间和时间的诞生。这一设想与物理学家们当时所做的一切思想游戏都相去甚远。当天文学家思索宇宙的开端时，他们可能想到的是宇宙空间充满了气体，渐渐地才在里面产生了星体和星系。但

是一切之初，难道连时间的开始也包括在内吗？不可想象。毕竟所有知名的自然研究学者，上至亚里士多德、下至哥白尼和牛顿、直至年轻的阿尔伯特·爱因斯坦，都曾认为，宇宙亘古即存。这是一方面。另一方面呢，宇宙学历史表明：对我们的世界的想法有多疯狂都不为过。

原始大爆炸的想法历经了三个助跑阶段、花了四十年的时间才得以立足于世。20 世纪 20 年代，物理学家兼神甫乔治·勒梅特（Georges Lemaître）认为，在爱因斯坦的相对论中，可以通过一个无限密集压缩的"原始原子"的爆炸而产生空间和时间。20 世纪 40 年代，乔治·伽莫夫提出原始大爆炸为物质的起源。两个理论都被大家遗忘了。直到 20 世纪 60 年代，当普林斯顿大学的罗伯特·迪克（Robert Dicke）和詹姆斯·皮伯斯（James Peebles）帮助原始大爆炸理论实现突破的时候，人们才又想起勒梅特和伽莫夫。

一切的开端——当初许多宇宙学家都觉得这是毫无根据的推测，如今成了学校课堂传授的知识。关于多重宇宙的辩论重新撕开了旧有的伤口，再次涉及了基本问题、知识的局限，甚至是科学的终结。不同领域的专家也多次提出了多重宇宙的想法，最后是寻找世界公式的物理学家们提出了它。如果想要理解时下关于多重宇宙的争论，就不得不再次缴械投降，就像当初原始大爆炸模式从门外汉的假说摇身变为广泛接受的世界观一样。如果多重宇宙要替换下原始大爆炸理论，就必须比它更出色。

原始大爆炸的发现开启了宇宙学的繁荣盛世。天文学家对天空的观测越来越精确，宇宙学家的理论越来越细化，而且这两者的协调配合也越来越融洽。在 80 年的时间里产生了一个世界观，如今它几乎教义一般主宰着宇宙学。它是现代物理学的创造史，是对我们宇宙美丽、完好世界的讲述。

"原汤"的想法

乔治·伽莫夫长着淡黄色的头发、蓝色的眼睛，眼镜片厚得像瓶底，在这场戏中他演的可是主角。他出生于俄罗斯的一个知识分子的家庭。

他的父母都是教师，外祖父是敖德萨（Odessa）有权有势的大主教，祖父曾作为沙俄军队里的将军参加过战斗。这层亲属关系在斯大林时代可能对他构成威胁。

伽莫夫是在父亲的写字台上通过剖腹产降生的，周围群书环绕。七岁时，他让母亲为他朗读儒勒·凡尔纳（Jules Vernes）的作品；十三岁时，为了驳斥人们所宣称的基督肉体的转化，他把做礼拜时供奉的圣餐饼放到显微镜下。他发现，圣餐饼与面包的相似性比与他自己皮肤的相似性更大。“这个实验把我造就成了一名科学家。”伽莫夫在自传中写道。25岁时，他成为列宁格勒大学（Universität Leningrad）的物理学教授，他曾在哥廷根、剑桥和哥本哈根从事科研活动，在这些地方，世界上最优秀的物理学家发展了量子理论。他本人也参与了放射性理论的创建，为此，苏联最大日报《真理报》（*Prawda*）在刊头页上为他敬献了一首诗。

伽莫夫的世界不是星星，而是原子。他不是天文学家，他是量子物理学家，研究的是微观世界。然而，对微观的询问却引领他发现了宏观的线索。伽莫夫借助于一些原子来解释宇宙。于是，自然科学的两大分支学科——天文学和粒子物理学，宏观世界和微观世界开始了影响重大的共生。

但一开始，伽莫夫面临着一个地球上的问题：共产主义。在马克思主义者的眼中，量子理论是唯心主义粗制滥造的产品，因为根据该理论偶然统治微观世界。而偶然与历史唯物主义的决定论世界观根本就是格格不入的，根据后者的观点，人类在没有阶级的社会中圆满谢幕。虽然一种情况谈的是原子，而另一种情况讲的是社会，但是共产主义也应该是万能的理论。

尽管抽象的量子理论对党的干部们来说太高深了，国内的知识分子依然毫不掩饰变革物理学的心情。在现代物理学的堡垒——列宁格勒大学，首先是哲学家们大造声势反对量子物理学，因为哲学家们和政治有着千丝万缕的联系。斗争矛头指向每一个具有从事资产阶级颠覆活动倾向的嫌疑分子。

伽莫夫在一次公开报告中讲解海森堡（Heisenberg）测不准原

理——随机公式，一名亲近政府的哲学家打断了报告并把听众遣散回家。伽莫夫接到大学的指示，不许再公开谈论测不准原理。然而，令他喜出望外的是，一年后他居然获准和妻子一起前往布鲁塞尔参加核物理索尔维（Solvay）大会。伽莫夫夫妇离开了苏联，他们再也没有回去。这也是千钧一发的时刻：一股逮捕浪潮正席卷着列宁格勒乃至整个苏联的物理学家团体。有些研究人员甚至被判处死刑。

乔治·伽莫夫身处安全之地。30 岁时，他受聘于华盛顿的乔治·华盛顿大学（George Washington University）任教授。在美国，他的风趣诙谐和多才多艺给同事们留下了深刻的印象。他会说俄语、丹麦语、法语、英语和德语，思考着内燃机和核物理，撰写关于 DNA 结构和地球内部特性的论文。“伽莫夫有着许多奇思妙想，”他的同事、氢弹发明者爱德华·泰勒（Edward Teller）说道，“有的是正确的，有的是错误的，更经常是错误的时候比正确的时候多，但总是有趣的。当他的想法不是错误的时候，它们就不仅仅是正确的，而且还是新颖的。”

伽莫夫自问，为什么有如此不同的化学元素呢？自然界里出现了 92 种元素，从原子核只有唯一一个质子的氢到原子核内包括 92 个质子和 100 多个中子的铀。伽莫夫推测，中子和质子在高温下可以聚变为更重的原子核。

至于星星，要发生聚变的话，它们的内部则密度还不够大、温度还不够高。一定存在着其他的解释：“类似于爆炸的过程，发生在‘时间的开端’并导致宇宙目前的膨胀。”这是伽莫夫 1942 年在一篇会议报告中提出的。

天文学家埃德温·哈勃早在 20 世纪 20 年代就认识到了宇宙的膨胀。他利用加利福尼亚威尔逊山的望远镜研究了遥远星云的光并断定，光波向红色推移。正如一辆救护车，从身边驶过后汽笛声会显得低沉些——双重效应——，光的波长似乎延长了。哈勃推断，这些星星正远离地球。根据他的测算，最远的星系距离地球近 700 万光年并在以每小时 1000 公里的速度离地球而去。“星体像躲瘟疫一样地避开我们。”英国天文学家亚瑟·爱丁顿（Arthur Eddington）1928 年夸大其词地说。哈勃观察到了越来越多的星系，总是呈现出相同的景象。它们无一例外地逃离我们，离得越远，逃得越快。

阿尔伯特·爱因斯坦讨厌原始大爆炸

如果宇宙在扩张，那么过去它一定比今天小，再以前就更小，再以前的以前就更更小。如果在思想里让时光倒流，就会看见宇宙收缩成一个高度密集的小颗粒。因此，膨胀扩张的宇宙符合伽莫夫关于初始状态高热的想法，另外也与理论家乔治·勒梅特20世纪20年代所发现的广义相对论方程式的一个解决方案相吻合。

勒梅特不是个很典型的成果辉煌的科学家。第一次世界大战期间他在比利时军队服役，接着被授予天主教神甫一职。后来，他在剑桥、哈佛和麻省理工学院（Massachusetts Institute of Technology）研习了相对论。回到比利时后，成为鲁汶（Louvain）天主教大学的教授。1927年，勒梅特第一个想到星系绝不可能穿越宇宙空间而运动，而是本身和宇宙空间一起膨胀扩张。一开始，爱因斯坦认为勒梅特对自己理论的阐释毫无价值。无神论者爱因斯坦认为这个想法太接近天主教的世界创造史并答复勒梅特说："您的计算是正确的，但是您的物理学是令人讨厌的。"

此外，勒梅特也无法令人信服地回答关于膨胀原因的问题。他相信存在一个原始原子，它的原始重量和宇宙的总质量是相等的。这个原子由于一种超级放射过程而衰变，剩下来的就是我们所熟悉的原子，像"一束明亮但快速的焰火的灰和烟"。这更像是一段描写宇宙的诗歌，而非自然科学。

所以，当乔治·伽莫夫和他的博士生拉尔夫·阿尔法（Ralph Alpher）一起推导第一个详细的原始大爆炸模式时，他不得不重新白手起家。根据他们的研究，在零时刻后的最初的半个小时之内高热的原汤里产生了重元素。他们称这些首批物质为"Ylem"，该名称是从希腊语中表示物质的概念"Hyle"派生出来的。古代的炼丹术士和神学家早就如此来称呼世界的原始物质了。

为了庆祝他们工作所取得的进展，伽莫夫买来一瓶君度力娇酒，并在上面用大写字母写下了"YLEM"。他把这瓶酒拍摄了下来，并在照片上剪贴了他的头，那头就好像神灵一般从瓶中冒出，左侧和右侧是他的合作者罗伯特·赫尔曼（Robert Herman）和拉尔夫·阿尔法。这是一幅贴切的画面。虽然这一理论用了将近二十年的时间才为大家所接受，但是思想已经摆脱了瓶颈。

如今，孩子们在学校学习了解到，宇宙曾经有过开端，而当初这个想法是极端受排挤的。“从哲学的角度来看，我觉得这一设想很讨厌”，亚瑟·爱丁顿写道。开端似乎翻腾出来种种无法克服的困难，“除非我们干脆将它视为超自然”。加拿大天文学家约翰·普拉斯基特（John Plaskett）甚至咒骂原始大爆炸的论点是“所有推测中最荒谬的”。

乔治·伽莫夫不太关心这些保留意见，他持有工程师的态度。零时刻究竟发生了什么，他不去追问。他径直假设，宇宙的能量在开始时是浓缩于某种稠密、高热的东西中的，然后就勇往直前地计算下去。

宇宙是个发面糕点

原始大爆炸模式最激烈的反对者就站立在剑桥麦丁雷路（Madingley）的天体物理研究所前的草坪上。绿色的铜锈覆盖了头颅，耳朵和肩膀之间挂着蜘蛛网。弗雷德·霍伊尔（Fred Hoyle）的青铜像看上去并不快乐。剑桥的物理学家们为霍伊尔建立了一座纪念像。再也没人可以像他一样代表着正在走向没落的永恒宇宙的世界观了。

霍伊尔在第二次世界大战中作为雷达专家服役于英国海军，他的任务是架设雷达仪，以便更好地测定德国飞机的方位。1942 年，他晋升为位于伦敦西南的威特雷（Witley）的海军部军事研究实验室的部门负责人。他在这里结识了托马斯·戈尔德（Thomas Gold）和赫尔曼·邦迪（Hermann Bondi），退役后他们一起酝酿了永恒宇宙的理论——稳恒态理论（Steady-State-Theorie），这是与伽莫夫、赫尔曼和阿尔法的原始大爆炸理论相反的构思。

根据该理论，星体和星系处于形成与消逝的循环运动中（稳恒态的意思是平衡状态）。没有丝毫高热开端的迹象，也看不出会有结束。

天文学家在 50 年代的观测还不够精确，无法在伽莫夫的原始大爆炸理论和霍伊尔的永恒宇宙间进行抉择。当时只有哈勃对其他远离我们银河而去的星系的测算获得了首肯。而双方都觉得哈勃的测算证实了自己的观点。

如果星系相互离去，它们在过去就必须是从一个共同的点出发的，伽莫夫和原始大爆炸理论家如是认为。据此，宇宙空间就好像是一个带有葡萄干的发面糕点。面团是空间，葡萄干是星系。如果面团膨胀起来，所有的葡萄干就会相互远离。无论是从哪一颗葡萄干的角度出发去观察其他的葡萄干，一切似乎总是从自己的观测点出发挣脱而去。中心是不存在的，也就是说，星系飞行不会像彗星一样穿过一个无限的空间，而是空间本身扩张延展，连带着它里面的内容物。“如果宇宙在扩张延展，为什么我永远找不到停车位?”据说，伍迪·艾伦（Woody Allen）如此问道。伽莫夫会这么回答：“因为汽车也在扩张延展。”

弗雷德·霍伊尔和他的支持者们则假设，在辽阔的宇宙空间不断有新物质从虚无中产生。他们估计每100万年、每立方米会出现三种少量的新型氢原子。量太少，所以无法直接测量；但足以形成新的星系。他们打算这样来解释宇宙尽管在不停扩张却为什么没有变得越来越稀薄的原因。毕竟霍伊尔认为，宇宙在各个地方、各个时间看上去都差不多一样。

霍伊尔把世界产生的过程比作滴水的水龙头。只是水从哪里来，他无法解释。1950年，他在苏黎世就稳恒态宇宙作报告时，诺贝尔奖得主沃尔夫冈·泡利（Wolfgang Pauli）在晚宴时把他叫到一边。“如果您要是明白这种创世物理学就好了”，泡利牢骚满腹。霍伊尔无法驳倒这种责备，而是回答他的批评者们说：宇宙的总体物质在原始大爆炸的零时刻被创造出来的假设也好不到哪儿去。宇宙学家们当时所交流的不仅仅是科学论证。霍伊尔认为确确实实存在着阴谋。“明摆着，我们的某些同仁遵循着宗教的意图”，他诽谤了原始大爆炸的支持者们。“大爆炸和《旧约》里所描写的创世记存在着相似之处是不可回避的。”

历史学家黑尔格·克拉格如今认为这是个不公平的指责，但也不完全是牵强附会的。1951年秋天，罗马教皇皮亚斯十二世（Pius Ⅻ）在罗马教皇科学院前评论了新的原始大爆炸理论。他挖苦说，现代宇宙学现今获得了神学家们早在一千多年前就已获得的同一认识。这一认识即：世界是由一名造物主创造的。甚至连神甫兼原始大爆炸理论家乔治·勒梅特也不喜欢这一说法。他明确说明，某个宇宙学模式和基督教之间没有任何内在联系。

罗马教皇总归有些操之过急。因为原始大爆炸的想法在20世纪50年代还有一个重大缺陷：年龄悖论。宇宙学家用星系的扩张速度逆运算世界的开端，发现宇宙的年龄为20亿年。

而根据当时流行的其他算法，星体和星系已存在30亿至50亿年了。怎么会是这样呢？就连地球也该超过20亿年了，英国原子物理学家欧内斯特·卢瑟福（Ernest Rutherford）分析了放射性铀同位素之后得出这样的结论。弗雷德·霍伊尔喜欢讲这样一则轶事：剑桥的卢瑟福遇到天体物理学家亚瑟·爱丁顿后问他：宇宙有多大年纪？爱丁顿回答说，不超过2亿年。卢瑟福立刻从兜里掏出一块石头，说道："这块石头至少3亿年了。"

如今我们知道：哈勃当时测算的其他星系的逃逸速度和距离还太不精确。他是根据星体的颜色来计算它们的速度的——颜色越红，速度越快——并根据脉动星体的亮度来计算星系的距离。但是宇宙空间里无所不在的灰尘像雾一样遮盖在望远镜前。哈勃当时测算速度的结果比今天的测算值几乎快上十倍。

几年当中，被称为哈勃常数的逃逸速度不断向下调整。有时流传着不同的测算结果，所以要在科学大会上进行表决。今天，天文学家的基本观点是，两个相距300万光年的星系由于空间以每秒钟70公里的延伸速度而相互离去（我们的邻居仙女座星系距离银河大约250万光年），误差±10%。宇宙的年龄估计约为140亿年。

电视接收原始大爆炸的回声

20世纪60年代，大爆炸论宇宙学家和稳恒态论宇宙学家之间的争执最终有了决断：通过一个偶然发现。贝尔实验室的职员阿尔诺·彭齐亚斯（Arno Penzias）和罗伯特·威尔逊（Robert Wilson）本来打算测试一下卫星通信天线。他们在分析信号时，奇怪地发现在微波频率区域内有一个均匀稳定的响声。在6米长的喇叭形天线里筑巢的那对鸽子暂时成了干扰源的怀疑对象。可是，即使清除掉了“白色电介物质”——研究人员这样描述鸽子粪——响声依然还在。最后，他们开始认识到：神秘的“背景响声”充斥着整个宇宙空间。这是原始大爆炸的回声。

平素更倾向于不可知论的宇宙学家马丁·里斯（Sir Martin Rees）凝神静气地称这是“造物的余辉”。里斯，一个瘦弱的男子，长着浓密的花白眉毛，可不是什么名不见经传的人物。英国女王1995年授予他皇家天文学家的称号——自1675年以来，只有15名英国天文学家才得以获此殊荣。作为皇家协会的会长，他是大不列颠科学界的最高代表。

波长在毫米和厘米范围内的电磁射线从天空的四面八方投射到地球表面，无论是什么季节，也无论是一天当中的什么时候。在方糖大小的每一块宇宙空间内存在着这种宇宙响声的400个光粒子。人人都可以使用模拟电视机的室内天线接收到它们。原始声响对老式电视机出现雪花状画面的贡献率为1%。数字电视中可惜就没有了。

罗伯特·威尔逊后来让人记录下来，当他看到《纽约时报》（*New York Times*）上的一篇有关报道后才认识到自己这一发现的重要意义。同事们并未因此对他耿耿于怀。由于发现了宇宙背景辐射，他和彭齐亚斯一起于1978年荣获诺贝尔奖。

宇宙背景辐射是稳恒态理论棺材上的最后一枚钉子，史蒂芬·霍金（Stephen Hawking）如是说。它是除宇宙扩张之外原始大爆炸的最重要的证据。尤其是微波高度的同一性让科学家们欣喜若狂。无论是在北极的上空，还是在南半球搜索，射线在各地的波长几乎完全相同，就像均衡调节温度的炉子内散发的热辐射。这意味着宇宙空间的所有区域在以前的某个时刻必定是有过接触的。

据此，宇宙空间的总体物质开始时是一个温度高、密度大的等离子。原始大爆炸发生后的头几年，离子和电子在宇宙中纵横驰骋，如同沙漠风暴中的沙粒。宇宙空间很热，但看不清楚，因为光粒子也不断和能量丰富的基本粒子相撞。过了400 000年，风暴才平息下来。火球冷却下来，温度大约降至今天太阳表面的温度——几千摄氏度。离子与电子结合，形成中性原子，宇宙空间变得清晰可见了。电磁辐射可以继续不受干扰地传播。

如果我们经历了原始大爆炸后的400 000年，我们就会实实在在地看到燃烧着橘红色光的天空。由于宇宙的扩张，宇宙继续降温，光的波长延伸。今天，微波背景辐射的温度仅相当于-270摄氏度，比最低的理论可行温度，即：任何原子运动都会冻结的绝对零点，高出3摄氏度。

除了原始大爆炸的回声和宇宙的扩张，还有一个证据可以证明原始大爆炸，具有讽刺意味的是，这一证据来源于原始大爆炸的否认者霍伊尔：构成星星的物质。75%的氢，23%—24%的氦，其余的是氧、硅和一些其他的元素。霍伊尔发现，这么多的氦只可能通过在一颗巨星内、几十亿或几百亿度的高温下发生核聚变而产生。但是，以前的宇宙中根本没有这么多的巨星。很快人们就搞清楚了：氦是来自于唯一的一个超级巨星——原始大爆炸。在最初的几分、几秒内，高热的原汤里同样形成了氘和锂。

70年代末，原始大爆炸被当作事实广泛接受。宇宙空间的扩张、背景辐射和元素的产生都证明了原始大爆炸理论是对的。如果可以在后代踏上征程时给他们一句忠告，要在以前，著名物理学家理查德·费曼（Richard Feynman）会思忖片刻，说道："一切由原子构成。"而在今天，马丁·里斯则叮嘱说："世界拥有开端。"

80年代，现代物理学的世界创造史看上去近乎尽善尽美。许多宇宙学家琢磨着，还仅需要补充个把细节，如同纵横字谜中还要填上最后几个字母。其中一个细节就是宇宙空间的弯曲。

弯曲的空间——它确确实实存在着，这是阿尔伯特·爱因斯坦在20世纪之初发现的。在爱因斯坦的相对论中，空间不再仅仅是冥顽不化地等着物理世界登台亮相的舞台。空间本身也成为剧目的一部分，能够以最怪诞的方式延伸和弯曲。两股作用相反的力量在拉扯着它：原始大爆炸的推动力使其四分五裂，空间中所包含的一切物质的万有引力又使其聚拢压紧。宇宙的命运取决于哪股力量获胜。如果物质不足以抗衡原始推动力，宇宙就会负弯曲（这叫做"开放"）并不断向外膨胀，物质变稀薄，宇宙冷却下来。宇宙学家称这种情况为“大寒冷”（Big Freeze），以前则称之为“热死亡/热寂”。如果宇宙是二维的，它就会是马鞍的形状。在正弯曲（这叫做“封闭”）的宇宙，万有引力获胜，它会制止膨胀并迫其反转。宇宙又内陷崩塌并在巨大的喀嚓声（“大挤压”[Big Crunch]）中终结。封闭的宇宙在二维中的表现为球形。

大挤压还是大寒冷，火还是冰？为了预言世界的结局，天体物理学家在90年代从南极地区升空了气球并向宇宙空间发射了COBE卫星（Cosmic Background Explorer的缩写，意即：宇宙背景探测器），上面载有可以不受地球大气干扰地接收原始大爆炸回声的测量仪。研究人员利用宇宙深处的微波来测量宇宙空间，好似土地测量员丈量土地。

宇宙是个圆盘

结果令所有人——大寒冷的支持者和大挤压的支持者都大吃一惊。宇宙既非开放，亦非封闭，它不偏不倚正好介乎其间：是平的。因而，宇宙几何学符合一切可能的风貌中最直观的风景，即：欧式几何学，它是亚历山大（Alexandria）的希腊数学家欧几里得（Euklid）早在公元前300年就提出的。如果世界是二维的，那它就是一个无穷大的圆盘。平坦的宇宙在三维中类似于一个书架：平行线保持平行，三角形角度之和为180度。空间仿佛被熨烫平整了。爱因斯坦或许会说，好无聊啊。

但是，也好奇怪啊：要形成一个平坦的宇宙，宇宙开端的推动力就必须与宇宙物质含量精确地协调一致。原始大爆炸如果稍微柔和一些或是稍微猛烈一些，哪怕仅差一点点，平坦就会荡然无存。这就好比有人向空中抛球，想把它准确地抛至旗杆的尖端立住一样。我们的世界再次看上去似乎是不可思议的偶然使然。

经典的原始大爆炸理论无法解释这一偶然。但是有种推测：在爆炸发生的第一个纳米—纳米—纳米秒—而且比之还要短的片刻内，宇宙可能以迅雷不及掩耳之势膨胀起来，比一个普通的原始大爆炸导致膨胀的速度还要快很多——从比豌豆粒还小膨胀至直径为几十亿、几百亿光年的球体。空间的所有皱褶都被扩张熨烫平整。这一理论叫做膨胀理论

（Inflationstheorie，源自拉丁语 inflare，意即：膨胀），许多宇宙学家渐渐将其视为原始大爆炸模式的组成部分，虽然这一理论还远未得到证实，虽然它有着高昂的代价：膨胀理论只能和多重宇宙（第七章和第九章将论述该内容）这一新的想法绑定使用。

多重宇宙恰恰是原始大爆炸理论家们还欠缺的。他们纷纷前来废除霍伊尔的永恒宇宙。而现在，摆在他们面前的是一个永恒的多重宇宙。在这里，各个宇宙虽然产生着、消逝着，但是宇宙的整体一直且永远存在。里面不是有一个原始大爆炸，而是有无穷多个，其中的一个创造了我们的宇宙。在平常时期，几乎没有人会为这些思想游戏耽误时间。但是现在的时期并不平常，宇宙学身陷危机。也许只有多世界的景象才能将它拯救出来。

第六章

危机中的宇宙学

谁知道，可以看见的整个宇宙不会像是地球表面的一颗水滴呢？这颗水滴的居民，渺小得犹如我们之于银河，永远无法预知，在这颗水滴之外居然还有诸如铁或生命组织这样的东西存在。

——埃米尔·波莱尔（Émile Borel），数学家，1922 年

宇宙在所有的频率上都被监听着，如同重症监护病房的病人。地球上布满了用于探测伦琴射线、远红外线、紫外线、无线电波、可见光线和基本粒子的检波仪。在智利的阿塔卡玛（Atacama）高原，天文学家们正在 5200 米的高处安装着一架望远镜，据说，它可以在某些方位每三分钟就发现一个新的星系。粒子研究者把光探测器沉入贝加尔湖湖底和南极地区的冰中，在阿根廷的南美大草原有萨尔州那么大的一块地方安装了很多探测器用来测量宇宙粒子。在波多黎各的阿雷西博（Arecibo），天文学家把世界上最大的碗——一架射电望远镜装入喀斯特岩石中，它曾在“007”影片中做过背景，并且可以和全球的几十个射电望远镜联接成一个涵盖世界的探测器。在汉诺威周边、比萨附近和美国的路易斯安那州及华盛顿州，激光飞越几百米穿过真空管用来接收万有引力波。但是，研究人员觉得地球还不够用，运行轨道上挤满了仔细巡查太空的探测卫星。哈勃望远镜可以深入宇宙 130 亿光年，几乎直逼可见宇宙的地平线。

大规模的对天窃听攻势是一项在规模和胆量上都大得多的计划的一部分：去理解，一切是如何开始的以及一切在哪里结束，也就是说，和星体、宇宙空间及原始大爆炸有关的事情。宇宙学家试图把所有的观测数据浓缩成一个合乎逻辑的世界观——一个宇宙的理论。

不久前，他们还错误地以为平安无虞地走在了通往成功的路上。史

蒂芬·霍金盛赞1992年COBE卫星对原始大爆炸剩余辐射的测量为“即使算不得跨越各个时代的、也堪称本世纪的最大发现”。COBE发现了微波辐射里细微的强度波动——说明了早先宇宙中的密度差异，说明了星体和星系的起源。世纪之交后不久，专业领域中的傀儡之一——芝加哥大学（University of Chicago）的宇宙学家迈克尔·特纳（Michael Turner）写道：“我们处在宇宙学发现最激动人心的时期的中间。”特纳的同事阿兰·古斯（Alan Guth）参与设计了时下的原始大爆炸模型，他认为当前模型运行得惊人的不错。2006年，约翰·马瑟（John Mather）和乔治·斯穆特（George Smoot）由于他们借助于COBE卫星对宇宙背景辐射所做的研究工作而获得了诺贝尔物理学奖——道路通畅无阻了：“宇宙学自古典时期以来就被种种推测所主宰——这个时代一去不复返了”，诺贝尔奖得主斯穆特欢呼道。“科学的时代现在到来了。”

多么狂妄不羁：人类，居住在宇宙中的弹丸之地，文明开化才几千年，居然以为他们可以解释自零秒时刻开始的世界史，当然其后的10^{23}年也不在话下。他们已经多次莅临这样的关头。连亚里士多德和托勒密也确信已经看透了宇宙，可他们却是失之千里。

欢呼声中混杂着批评的声音。“我们走错了路”，星系研究者吕文俊（Richard Lieu）警告说。宇宙学的基本假设是无法检验的，而且宇宙学家们显然已经可以游刃有余地“采用更多的未知来解释此未知”。宇宙产生的经典版本“在令人吃惊的比重上是以宣传为基础的。与宇宙学的标准模式相左的证据都受到了压制，其他可能的模式也要俯首帖耳”。宇宙学家李·斯莫林（Lee Smolin）立即撰写了整整一本书批驳新的世界观（《物理学的困扰》，*The Trouble with Physics*），他认为，当然欢迎人们展示想法，“但是，如果你拥有的理论既没有解释什么、也没有预言什么，那么，你就已经不是在搞科学了。”普林斯顿大学的理论家保尔·斯坦因哈特议论起当前的一些宇宙学思想时说：“对我而言，这已不再是有趣的科学了，而只是知识分子玩的小把戏。”德国天文学家君特·哈辛格尔承认：“有时候我有这样的感觉，我们补充学习得越多，知道得却越来越少。”宇宙的科学是正当繁华鼎盛呢，还是濒临万丈深渊？这要看你问谁了。可谁又说得对呢？

烽火燃自两个相互关联的问题。第一个问题是：如果把所有的观测数据和物理学理论拼装成一个宇宙学模式，所得到的整体艺术品乍一看上去还是能够自圆其说的。但是，为此付出的代价是高昂的。人们不得不假设，宇宙有95%都是由物质和能量的神秘形式构成的，而迄今为止它们几乎仅仅是有个名字而已："暗能量"和"暗物质"。宇宙只有4%才是普通的原子，不到1%是中微子。原始大爆炸理论家们不得不为他们的模式四处打补丁，就如同当初托勒密为地心说世界观修修补补一样。

第二个问题就是原始大爆炸发生后的第一个纳米—纳米—纳米秒—而且比之还要短的片刻。在这一瞬间，物质和能量的密集程度是非常之高的，无论是相对论（宏观世界的理论），还是量子理论（微观世界的理论），都无法描述这一状况。人们需要一个量子—相对—二合一理论——世界公式，但是目前还没有，而仅有一些某种程度上还算可信的、关于宇宙第一瞬间的脚本。在最可信的脚本中，宇宙在发生完原始大爆炸后即刻飞速膨胀。这叫作膨胀脚本，也特别受研究人员的青睐，因为它们消除了最初的原始大爆炸理论的严重缺陷。

但是，可能是什么力量驱动了膨胀呢？或许是神秘莫测的暗能量像反重力一样作用的结果？可能是，但不一定是，理论家们说道并精神抖擞地继续演算下去。没有人能够禁止他们这么做。天文学家们还打算制造灵敏的测量仪，他们是否能够通过观测来检验膨胀理论也没有把握。诺贝尔奖得主斯穆特误以为已成昨日黄花的"推测的时代"还在延续。今天的宇宙学家建设他们的世界观的方式与当初的亚里士多德和德谟克利特别无二致，只是放在了一个规模大得多的知识基础之上。

没有勇气推测的人，就只能拒绝膨胀理论并不准自己思考原始大爆炸。不愿无所作为、而宁愿通过推测来探索宇宙开端的人，可以善始善终地把膨胀理论进行到底——并着陆于多重宇宙。因为膨胀的驱动力如果曾经如此残忍地把我们的宇宙搞得四分五裂，那么，它也就能够做到故伎重演。那么，就曾经有过不止一次的原始大爆炸，而是非常多，而每一次爆炸都会使一个新的宇宙膨胀出世。膨胀理论越普及，追问其他世界的疑问就会越迫切地提出来。别急，咱们还得一个一个按顺序来。

谁把宇宙调整得这么好？

70 年代末，宇宙学界广泛接受原始大爆炸模式作为宇宙创造史。当然，不得不暂且忽略一些问题：所有的物质从哪里来？究竟是什么发出了炸裂声？它为什么发出炸裂声？具体又是怎么发出炸裂声的？原始大爆炸发生前是什么？另一方面，原始大爆炸模型又符合天文学家和天文物理学家的许多重要观测结果。可并不是所有的测算都和原始大爆炸模型配合得天衣无缝。尤其还有两个谜和理论家们纠缠不休，他们称之为“地平线问题”和“平坦问题”。

地平线问题：为什么宇宙各处地平线上的温度都是相同的？宇宙空间弥漫着热辐射，热辐射从四面八方投射到地球。这一辐射自原始大爆炸以来就大幅度降温，低至 -270 摄氏度。令人瞠目的是，辐射温度的波动幅度仅为 0.0002 摄氏度，几乎为零。地球人的可见宇宙温度如此均匀稳定，犹如一个半径为 140 亿光年的低温冷柜。一定是什么时候进行过温度调整，但是怎么进行的、什么时候进行的？最初的原始大爆炸理论是无法解释这些的。为了弄清楚，我们可以在脑海中回放创造史的影片。从地球的角度看，是这样的：空间又收缩在一起，远处的星系离得近了。但是，像光线和微波这类从所有物体上移开都最为迅速的电磁辐射，也会比星系更加迅速地退缩回来。位于我们的地平线边缘的星系不在我们的视野范围之内。我们可见宇宙相对的边缘以前可能还没有过联系。地平线问题和这一设想一样令人困惑不解：世界上的所有低温冷柜突然拥有同样的温度，尽管它们的主人从未相互联系以便协商统一温度。

平坦问题也同样不可思议：从爱因斯坦的相对论推出，能量和物质可以使空间发生弯曲——一束从星体旁疾驰而过的光线，迫于星体的万有引力而步入弯曲的轨道。牛顿将空间视为一个三维的舞台，台上表演着世界戏剧。爱因斯坦则认为，很显然，空间本身可能是弯曲的。但它不是。天文学家利用美国宇航局的 WMAP 卫星进行了重测，发现宇宙（除了在黑洞和重量大的星体附近之外）不是弯曲的，而是平坦的。在传统的原始大爆炸模型中，这近乎是一个奇迹。能量和物质必须从一开始就正确分配得毫厘不爽，仿佛有一只看不见的手把宇宙调整得完美无瑕。这使得物理学家莱恩·格林（Brian Greene）想起学生宿舍里的淋浴："如果能够恰到好处地调节旋钮，就可以在舒适的水温下洗澡。但如果稍有偏差，水不是滚烫，就是冰冷。"有些学生因此根本就不再洗澡了。

那又怎么样呢？难道可以反驳说，如果今天的密度正好符合那个魔幻数值，那么，原始大爆炸发生时也恰恰是这个密度。正如偶然使然。可物理学家们并不想就这么随随便便地满足于偶然。他们要找一种情形，在其中，我们如今的宇宙不大像传统原始大爆炸模型中那么难以置信、那么偶然。一位来自加利福尼亚的年轻物理学家找到了它。

膨胀拯救了原始大爆炸模型

阿兰·古斯是斯坦福大学的粒子物理学家，对宇宙学只是略感兴趣。1978 年，他听了罗伯特·迪克（Robert Dicke）的一场报告，后者是经典原始大爆炸模型的发明者之一。迪克谈到了平坦问题。一年以后，1979 年 12 月 8 日夜里 1 点，"当我在书桌前度过了我在这里所曾度过的最富创造性的几个小时之后"，古斯后来回忆道，他突然茅塞顿开。"惊人的认识"，他在笔记本中写道，"这种超级冷却［膨胀］可以解释，为什么今天的宇宙是如此难以置信的平坦——罗伯特·迪克在其有关爱因斯坦的讲座中所谈到的微调悖论也因此迎刃而解。"他用双线条把笔记圈了起来。

从粒子物理学中，古斯知道，真空中产生一种力量，作用类似于反重力。粒子物理学的真空和气泵中的真空除了名称之外没有太多的共同之处。它有点儿像自然研究学者长期相信存在的以太（Aether），我们可以把这样的真空想象成充溢了整个空间的、看不见的糖浆。里面塞满了能量和张力。根据古斯的计算，这个张力足以在刹那间使宇宙膨胀许多倍。用数字表达：古斯的膨胀开始于零时刻后的 10^{-37} 秒，似乎是在 0.000 000 000 000 000 000 000 000 000 000 000 000 1 点；而在零时刻后的 10^{-35} 秒，即在 0.000 000 000 000 000 000 000 000 000 000 000 001 点，就已经又结束了。在这转瞬之间，宇宙胀大了 10^{50} 倍。

古斯的想法为不折不扣难以置信的创造史提供了脚本。它就宇宙的开端做了一些奇怪的假设，因此解决了平坦问题：由于第一秒内的巨大膨胀，时空的任何弯曲都熨平了。这情形就好似地球：由于它的直径巨大，所以我们居住者觉得它就像一个圆盘。如果我们能够把地球接着吹大，像阿尔卑斯山那样起伏不平的地方也会变得像石勒苏益格－荷尔斯泰因州那样平坦。

就连地平线问题也随之得到了解决。根据膨胀理论，宇宙的所有元素起初都是相互接触的。它们可以具有统一的温度，就像一杯水里的分子。然后，膨胀以超光速使宇宙胀大。本来，这样的速度在相对论的速度极限值上是行不通的，但是，这次是宇宙自身胀大，所以也是允许的。空间超过了光。膨胀过后，宇宙从容解体分流。地平线于是相互远离，遥不可及，但是它们曾经拥有共同的过去。各处的温度都是相同的。

膨胀理论让物理学家们兴奋不已。1981 年至 1996 年间发表的有关文章超过了 3000 篇。阿兰·古斯的笔记本如今像宝贝一样珍藏在芝加哥阿德勒天文博物馆的陈列柜里，而古斯本人被聘为麻省理工学院的物理学教授。他的理论空想成分还太多，所以未能斩获诺贝尔奖，而是在 2005 年被《波士顿环球报》（*Boston Globe*）授予“最乱办公室奖”。

理论家们忙着讨论膨胀模式的时候，天文学家和天体物理学家搜集了越来越多有关宇宙的数据。从 COBE 卫星的测量结果得出，宇宙在几何学上是平的。而几何学又取决于宇宙的质量—能量—成分。为了让空间成为平坦的、而非弯曲的，宇宙空间就必须平均每立方米含有 5 个氢原子。（星体和行星的密度要大得多，但是这里涉及的是几十亿光年上的平均值。）在星体、行星和星际尘土内部搜寻普通物质的结果表明，物质密度仅为每立方米 0.2 个氢原子。剩下的 4.8 个氢原子，相当于缺少了95%，都跑哪儿去了呢？

这时，人们想起了瑞士天体物理学家弗里兹·茨维奇（Fritz Zwicky）。他早在30年代初就在室女座的一个星系团里观察到了奇怪的现象：星系运动起来，就好像它们的质量是乍一看上去所应有的质量的10倍，甚至是100倍。星系团中一定隐藏着附加的质量，其万有引力拉扯着星系——茨维奇估计，那是星际气体的大片雾霭。不过，宇宙中的这些附加物与气体的情况是根本不一样的。它是完全看不见的，比众所周知的物质在反应上惰性得多。它只是通过对可见物体施加的万有引力而间接地暴露自己。

人们猜测了所有的可能性：星体残骸、黑洞、中微子。哪样都不合适。一定是一种全新形式的物质。至今，物理学家们拥有的仅仅是一个名字：暗物质。今天，人们从所有的测量结果得知，暗物质对宇宙的能量－质量－结算的贡献率为25%，而非人们本来为了得到平坦宇宙所需要的95%，但总比没有强。无论在哪儿，人们总得有个起点。

暗物质疾驰穿过办公室

试图解释暗物质的尝试层出不穷。粒子物理学家怀疑是新的、未知的基本粒子，并给它们起了很多名字，如：WIMP（Weakly interacting massive particle弱相互作用大质量粒子，亦有胆小鬼之意）、轴子（Axion）和渺中子（Neutralino）（为了不和中微子Neutrino混淆）。这样的假说不完全是没有私心的，研究人员最终不得辜负他们昂贵的探测器和粒子加速器，他们或许能够用这些仪器找到这些稍纵即逝的微粒。谁首先发现了暗物质，就能获得诺贝尔奖。

还没有捕获暗物质，这对宇宙学来说是件不爽的事，但还不是生死攸关的问题。因为在观星者和粒子研究者还在对暗物质的构成猜来想去的时候，别处已在勤勉地计算。在慕尼黑附近加尔兴市的马克斯－普朗克协会天体物理研究所里，理论家们正使用超型计算机模拟创造史。传达室里巴伐利亚看门人一句“你好”的问候（南德地区问候语“Grüβ

Gott”在字面上的意思为：问候上帝。——译者注）在此具有了更为深层的含义。

暗物质到处都是

西蒙·怀特（Simon White）用下巴示意了一下他宽敞的办公室。“暗物质到处都是。”这位原籍英国的研究所所长说道。如果他计算正确，每一瞬间都有100多个暗物质粒子疾驰穿过他的办公室。从未直接得到过证实的一个粒子怎么能计算呢？“知道它们是重的，就够了。”怀特说。具体的质量没那么重要，关键是，粒子驰骋于宇宙空间并吸引其他的物质，是明是暗已无所谓。

怀特在他的笔记本电脑上演示了一个两分钟的影片：快动作拍摄的130亿年的宇宙史，原始大爆炸发生后的几亿年直到今天。为了制作这个短片，几位博士生花了三年的时间才完成博士学位，动用了一台世界排名第50位的超型计算机，算了三个月之久。影片开始展现的是用染成淡蓝的线混乱交织成的巴提克印花图案：暗物质。几根线逐渐增强，其他线消失。交叉的节点处吸引普通物质，最初的星体出现，零时刻后的几亿年。

从那以后，宇宙创造了三代星体。但是，60亿年来，新星体的出生率持续递减。宇宙濒临灭绝的危险。怀特的星体影片一直演到世界末日：仙女座星系将和银河相撞，而星体会像蜂群一样旋转飞舞，周游宇宙。再过100亿年，我们将不再居住于螺旋状的星系，而是在椭圆形的星系——当然不是在地球上，因为此前燃尽的太阳将肿胀成一个炽热的巨大天体、一个“赤色巨无霸”，并毁灭掉地球上的一切生命。最后，其他星体亦同此法毙命，或者作为黑洞收场。宇宙一片黑暗。西蒙·怀特合上了笔记本电脑。“然后就不再有什么可做的了。”至少在这个宇宙中没有了。

不久前，宇宙前景才变得如此黯然失色。1997年以前的宇宙学观点一直是：由于可见物质和暗物质的吸引力，宇宙扩张速度放缓。终有一天，宇宙又内陷崩塌并在巨大的喀嚓声（“大挤压”）中终结，或许重新发生一次原始大爆炸。可宇宙学家们又来了个180度的大转弯。没几年时间，他们的观点彻底转向宇宙扩张速度加快。对宇宙的新看法虽然解释了大挤压脚本中的一些矛盾之处，却给科学家们留下了更多的谜。实际上的情况是比原先更糟。

天文学家的能量转折点

布鲁诺·莱邦特古特（Bruno Leibundgut）是这一转折点的开创者之一。他供职于位于加尔兴市的欧洲南方天文台 ESO 的总部，距离西蒙·怀特仅有几百米远。这里的观测会和位于智利的欧洲望远镜协调一致。拜访者必须把所有地球上的时空概念统统丢在身后。欧洲南方天文台大楼的横截面据说类似星体爆炸的残片、巨蟹座星云。这里几乎没有直角，取而代之的是越发多的楼梯，走在上面很快就会迷路。“建筑设计师获奖了”，莱邦特古特像是在表示歉意地说道。他穿着蓝色的牛仔裤、蓝格子衬衫，长着同样蓝的眼睛，看上去有点儿像退役的足球运动员斯特凡·埃芬博格（Stefan Effenberg），只是放松得多。

布鲁诺·莱邦特古特是宇宙空间距离测量的五大专家之一。他一会儿张开手指在空中划过，一会儿双手在书桌上比划着距离，一会儿又张开双臂。这是可见宇宙的大小，那是一束光线在 137 亿年里走过的路程。然后他用手的侧边在这段路程的中间拦腰一截。“我们可以测量的距离就到这里。”

测量距离的想法很简单。科学家利用某种星体爆炸（超新星）作为宇宙的地面标志。这些超新星在其生命的尽头，死亡方式都一样，它们会像一颗巨大的原子弹那样爆炸并且好几个星期都发射出比 10 亿个太阳或是一整个星系所发射出来的光还要明亮耀眼的光来。根据亮度可以算出，星体距离有多远。“如果知道，一个白炽灯 100 瓦，就可以从亮度推测出距离。”莱邦特古特说道。100 年前，天文学家测量距离所依据的原理是相同的，只是当时人们观察的是闪耀的星体——造父变星。把超新星当作宇宙空间的标准烛光则还要准确可靠。

根据红移和超新星的亮度可以计算出，宇宙空间过去的延展速度比今天快还是慢。莱邦特古特用三辆响着喇叭的汽车打比方。一辆以恒定的速度行驶，另一辆加速，第三辆刹车。超新星研究者远距离观察情况。从喇叭的声响判断出速度，从尾灯的亮度判断出距离。距离在宇宙空间中还是标示历史的尺度，因为星体离地球越远，光在路上的时间越长。这样就可以重新构建宇宙从原始大爆炸到今天的扩张速度。

为了发现超新星，天文学家动用了世界上最大的望远镜——位于智利的超大望远镜（Very Large Telescope）、位于夏威夷的凯克（Keck）望远镜以及位于宇宙空间的哈勃望远镜。新月前后的几天里，天空上的光污染最少，此时他们就盯着遥远的星系观察。他们渐渐搜罗了100多个可以利用的星体爆炸。当博士生阿德姆·瑞斯（Adam Riess）分析第一批数据时，偶然发现了一个轰动事件：宇宙绝不是在减速，而是在加速。距离遥远的超新星的亮度比在含有100%物质的减速宇宙情况下的预期值减弱了25%。

研究人员纷纷出发去寻找一个减速的宇宙，结果却找到了一个延展越来越快的宇宙。一定是一股未知的力量驱使它拉伸开来。这股力量得名“暗能量”。

同事们愕然。布鲁诺·莱邦特古特还清楚地记得哈佛大学的同事罗伯特·科什纳（Robert Kirshner）的一封通知邮件。他担心会洋相百出。“我们心里知道，这不可能，”他在给其团队的信中写道，“即使头脑告诉我们，我们只需复述观测结果。”几十年来，宇宙学家和天文学家眼前浮现的都是宇宙延展得越来越慢，由于重力的缘故甚至很可能又内陷崩塌。阿德姆·瑞斯回信说：“请不要相信你们的心或理智，而是相信你们的眼睛。我们毕竟是观测者！”

宇宙加速扩张的结果公布了出去，并得到了与此研究无关的又一个研究小组的证实。美国《科学》（*Science*）杂志推选该结果为1998年的年度发现。在其后的几年，越来越多的超新星进入到天体物理学家的视野，他们越能够更加精确地重新构建宇宙的历史。构建结果表明，宇宙直至原始大爆炸发生后80亿年的扩张速度确实是放慢了的，但是，从此以后，即：在过去的60亿年中，速度又加快了。理论家们受到了惊动。加速的原因难道和宇宙在第一秒内发生膨胀的原因相同吗？“这一发现在物理学界引发了阵阵轩然大波”，亚历山大·维兰金回忆道。有人至今还希望，仔细观察时这些结果都会烟消云散。他们觉得暗能量太神秘莫测了。实际上，测量遥远的星体爆炸的距离是极其艰难的，也许存在着还没人想到的误差原因。

70%的宇宙浮出水面

暗能量让宇宙学家大吃一惊，就如同下落不明的前妻几十年后又突然现身并索要生活费。1917 年，和自艾萨克·牛顿以来几乎所有的学者一样，爱因斯坦也相信存在着一个永恒、不变的宇宙。但他的广义相对论却预言了一个要么收缩、要么延展的宇宙。爱因斯坦在他的公式里加进了一个常数，用希腊字母 Λ/λ 表示。它的作用就如同一个推斥力，使宇宙保持平衡状态。这纯粹是一个计算上的花招，后来爱因斯坦甚至还为此道过歉。

当哈勃的观测推导出一个扩张的宇宙，爱因斯坦却得出了一个收缩的宇宙。据传说，他面对乔治·伽莫夫称这个宇宙常数为“我平生最大的蠢事”。而宇宙学家们有着相似的想法长达几十年。“宇宙常数是个糟糕的同行者，”哈佛天文学家罗伯特·科什纳今天如是说，“近 50 年来，每篇理性的论文皆以假设 $\lambda=0$ 开始。”

但是，宇宙加速扩张的超新星数据又使爱因斯坦旧有的思想复活了。“我们必须学习和 Λ/λ 一起生活。”科什纳说道。数值类似于驱使空间向外拉伸的反重力。和爱因斯坦那时不同，这一数值很受今天的宇宙学家们的欢迎。暗能量为他们提供了构成新世界观图像的最后一块拼图板。因为当他们根据超新星的测算数据计算出暗能量所产生的重量时，他们发现了整个宇宙大约 70% 的重量。这几乎就是要达到平坦宇宙所缺少的质量。这就好像是地质学家过了很长时间才终于发觉，地球上有水。

宇宙越向外延展，充斥其中的物质越稀薄，暗能量对它的控制力也就越强。再过几十亿年，宇宙将几乎仅仅是由暗能量构成的。至少，创造史的当前版本内容是这样的。原始大爆炸的研究者们认为，世界终结于暗能量——它可能也曾经是作为暗能量开始的。这同样会解开另一个困扰他们的谜团：表面上看，世界似乎产生自虚无。有了暗能量，这就不再是变戏法了，因为暗能量是空间的一个特性，单位体积的数量（能量密度）是恒定的。这意味着：如果空间延展，暗能量不会变稀少，而是增多。物理学家们已经算出：浓缩在一个微乎其微的小球中的一小团10千克的暗能量，就会在膨胀的过程中补充进很多的能量，宇宙的整个存量从而得以变为物质。最初的那一小团从何而来呢？这还有待于澄清，但比起整个宇宙的来源，它就显得不那么扑朔迷离了。

还存留着一个并非完全不重要的问题：究竟什么是暗能量？对此，宇宙学家们只能进行推测，不过，他们很会推测。阿兰·古斯，还有许多人和他一起，估计是源自真空的反重力。可是，当他们算出它的强度时，得到的数字带有124个0——和天文学家的测量值相比，多了123个0。“必须得有个什么英勇无畏的微调，使能量再减少123个十进制权力并让第124个小数位不受影响。”亚利桑那州立大学（Arizona State University）的劳伦斯·克洛斯（Lawrence Krauss）说道。微调——又是它，物理学家情绪化的字眼。可以这么来总结一下研究的现状：宇宙的70%是由专家估算完全离谱的一种未知能量构成的。

而这些人打算找到世界公式？他们中的很多人渐渐感到担心，他们曾经寻找的东西或许并不是这么存在的。于是，他们准备好要变换一下视角，这就类似于从地心说的世界观向日心说的世界观的转变：正如哥白尼将地球从太阳系的中心点移出一样，我们的宇宙现在移至一旁。当初，地球位居几大行星之列；而今，我们的宇宙变为众多宇宙之一。旧有的膨胀模式拓展成为永恒膨胀理论，根据该理论，空间不仅仅膨胀一次，而是永不停歇地继续下去。世界像泡沫浴一样，咕嘟咕嘟冒着泡。每个泡泡都是一个具有自己独特自然法则的新宇宙的胚胎。不复存在那个唯一的世界公式，而是无穷多个。

暗能量的强度也从这个宇宙到那个宇宙而有所波动。有些宇宙带着过多的物质走向开端，结果旋即又内陷崩塌。还有些宇宙曾经暗能量过剩，结果被暗能量撕烂扯碎。还有的同我们的宇宙一样，也创造出了生命。因为有这么多的泡泡，所以，这些世界中的暗能量，具有我们在我们的宇宙中所测得的那个难以想象的数值，也不足为奇。“我们的整个宇宙，”英国王室天文学家马丁·里斯说道，“是硕大无朋的多重宇宙中间的一个渺小而富饶的绿洲。”

简要综述： 我们宇宙的创造史

0：00：00

原始大爆炸。这一时刻发生了什么，至今逃脱了所有的理论。自然的四大基本力量，其中包括重力，估计汇集成了一股力量。只有出了一个“万能理论”才可能有能力描述原始大爆炸。

0.000 000 000 000 000 000 000 000 000 000 000 000 000 000 1 秒

空间和时间产生。20 世纪 20 年代，埃德温·哈勃用胡克（Hooker）望远镜发现了原始大爆炸理论的一个重要证据：宇宙中的星系在远离彼此，空间延展。也就是说，以前一定曾经有过一个共同的起始点。

0.000 000 000 000 000 000 000 000 000 000 000 000 1 秒

宇宙比一颗豌豆还小。然后，在一股至今不详的能量的反重力作用的驱动下，开始膨胀。它使宇宙胀大了 10^{50} 倍。该膨胀理论是推测性的，但却是目前对宇宙不到一秒的第一瞬间所做的一切解释中最好的。能量在空间的随机流动决定了日后的结构：能量密度大的地方，日后会有越多的物质聚积结块——星系团和星系的起源。

0.000 000 000 000 000 000 000 000 000 000 000 01 秒

膨胀结束。宇宙直径为几十亿、几百亿光年，充满了由夸克、中微子和电子等基本粒子组成的原汤。它继续延展，放慢了速度，不过还一直接近光的速度。

0.000 001 秒

每三个夸克粘连在一起，形成质子和中子以及它们的反粒子。由于夸克和反夸克的出现频率不同，普通物质稍有盈余。如果没有这种不均匀性，物质和反物质就会重新自我毁灭，宇宙就会仅仅充斥着能量。

100 秒

宇宙冷却下来，但温度还热得足以核聚变：一部分质子和中子结合成氦原子核。

1 小时

质子、氦原子核和电子在空间里飞驰穿过：一个等离子，如同在日光灯内。几百万度的高温。

100 000 年

原子核和电子流动穿越宇宙，如同沙漠风暴中的沙粒。在这样的混沌之中，光线所行不远，宇宙空间模糊不清。

400 000 年

宇宙明亮起来。原子核和电子冷却到可以一起形成氢原子和氦原子。电磁射线现在可以毫无阻碍地在宇宙中传播。它们是“原始大爆炸的回声”，宇宙的微波背景辐射。

1 亿年

暗物质、氢和氦由于自身重力而收缩，形成最初的星体。在它们的内部，原子融合成碳、氮、氧和硅等较重的元素。星体仅仅存在了几百万年，然后就向心爆炸并把重元素抛进宇宙——下一代星体的物质仓库。

3 亿年

矮星系结合成星系。我们的银河就是其中之一。今天，它至少是由1000 亿个星体组成的。

90 亿年

我们的太阳在银河的一条侧臂分支产生自萎陷的宇宙气云。它周围环绕着一个由尘土和气体构成的圆盘。大多数物质所在的地方，形成了行星，其中包括地球。

137 亿年

出现人。他是由以前在星体中孕育出的原子构成的。如今，太阳大约已经消耗掉其燃料的一半。

第七章

多重宇宙的变体

U·ni·ver·sum（源自拉丁语；universus“全部的，所有的”）〈〔-'vɛr〕名词；二格-s；不可数〉=Weltraum，宇宙

——《瓦里希德语词典》（*Wahrig*，*Deutsches Wörterbuch*）

曼哈顿，2008年5月的一个晚上。马克·奥利弗·艾弗雷特（Mark Oliver Everett），艺名“E”，又站在了舞台上，穿着牛仔裤，蓄着络腮胡，戴着笨重的眼镜。至此，一切正常。但是，这次E先生没有带着他的吉他。在他面前不是喧嚣的人群，而是有教养的纽约市民安静地坐在红色的丝绒沙发上。他的身旁不是低音提琴手和打击乐器演奏者，而是三位身着西装的物理学家。马克·艾弗雷特此次不是来和他的Eels乐队唱*It's a Motherfucker*的，他要来讲一讲多重宇宙。

这次见面是世界科学节（World Science Festival）——一种世界科学峰会的一部分。国际上的科研精英奔赴纽约，其中有诺贝尔奖得主、历史学家、哲学家。日程上列有大脑研究、道德科学、可再生能源以及这个晚上的多重宇宙。坐在乐队核心人物艾弗雷特身边的有：麻省理工学院的宇宙学家马克斯·铁马克，青春焕发、机敏灵巧，带有瑞典口音；纽约城市大学的弦理论家加来道雄，波浪般飘垂的白发，崇拜阿尔伯特·爱因斯坦；英国人布赖恩·科克斯（Brian Cox），参与建造日内瓦附近的巨型LHC（Large Hadron Collider，意即：大型强子对撞机）粒子加速器，引起轰动的原因据说是它可以制造出黑洞和婴儿宇宙。这三位都从事物理学，但方式迥异。铁马克把宇宙作为整体进行研究；加来道雄思考的是微小的基本粒子；科克斯制造用来测量这些粒子的仪器。铁马克和加来道雄相信多重宇宙的存在，科克斯较为克制。

马克斯·铁马克首先发言，他旗帜鲜明："我认为，在其他的众世界里，我们也正在进行着相似的讨论"，他对科克斯说道，"在其中的一些世界里，我也许刚刚把水洒到了您衣服的下摆上。我真的相信，外面正发生着这些事。"

马克·艾弗雷特对多重宇宙知之甚少，但和它却有很多的关系。他的父亲，量子物理学家休·艾弗雷特三世（Hugh Everett Ⅲ）是第一位提出真正的多重宇宙理论的科学家：根据该理论，世界连续不断地分裂成为众平行世界——艾弗雷特是如此理解量子力学的。他是个寡言少语、内向的人，有些同事认为他是个天才，许多同事觉得他是个难相处的傻瓜。1982年，他死于心肌梗塞。布赖恩·科克斯问马克·艾弗雷特："您是否知道您父亲是最伟大的物理学家之一？是否知道，他可能会和爱因斯坦及牛顿并驾齐驱地载入史册？"——"马克斯·铁马克告诉我之前，我一直不知道，"马克·艾弗雷特回答道，"我父亲对我来说，完全是个谜。"物理学不是他的世界。

加来道雄想要借助一个例子来给艾弗雷特解释清楚。"您父亲的理论回答了一个每个人都会自问的问题。艾尔维斯·普莱斯利（Elvis Presley）还活着吗？是的，在一个平行宇宙中，他还活着！量子力学是跨越各个时代最成功的理论。它说，现实不断分裂成各种可能性。"短暂的静默。"艾尔维斯咋了？"艾弗雷特问道。观众哄堂大笑。

科克斯持怀疑态度。"我工作时每天都用到量子力学"，他说道。"它运用起来得心应手。但是，我干嘛要相信，每当在这座礼堂里有两个粒子相撞，就会产生这座礼堂的一个新的复本呢？"这是休·艾弗雷特对量子理论进行解释所得出的结论。

"我们应该考虑到，我们得到的现实的最终图像会显得稀奇古怪，"铁马克回答道，"我们的直觉是专门针对确保我们的祖先生存下来的那些东西的。如果我们不能领会别人向我们投掷过来的一块石头的飞行轨迹的话，那么，我们早就从基因库中销声匿迹了。如果我们的祖先花太多的时间冥思苦想物质最小的组成部分，那他们就都被吃掉了。"铁马克转向艾弗雷特并说道："如果我们把像您父亲的学说那样的理论视为太过疯狂而不屑地搁置一旁，那么，我们必然也会拒绝正确的理论。最终的那个理论至少会和您父亲的理论一样疯狂。我愿用全部的资产打赌，最终理论会含有某种形式的平行宇宙。”

这天晚上，各个世界彼此相遇。摇滚乐手与量子物理学家，公众与科学界，报纸副刊与弦理论，丝绒沙发与基本粒子。但是，没有人站起身来，离开礼堂。这里的人们闲聊着平行宇宙的话题，就像其他人谈论对冲基金、宠物猫或者食谱。会不会是物理学家们还在寻证索据的时候，平行世界的想法就早已深入社会了呢？

没有裁决是否应该拒绝或接受新的世界观的国际仲裁法庭，而且，新的世界观也不会以三分之二的多数永久纳入基本法或是在会议上得到物理学家们的通过。不过，有一些确切可靠的迹象表明，物理学理论是我们的世界观的一部分。猜谜节目和中学毕业考试中都会问到它，它属于普及教育、平日里的基本音响，当作事实得到接受，变身潜入笑话，引证进入小说、电影和戏剧：原始大爆炸理论成绩斐然。多重宇宙的想法可能正走在通往成功的路上。

实际上，存在许多世界的想法深深地植根于我们的思想之中。它在文化史中再三出现，时而作为预感，时而作为希望，时而作为信仰，时而作为幻想，现在才作为物理学理论。有时，谈论其他的世界被视为对万能上帝的赞美，有时则被当作异端邪说。几十年前，科学家们如果鼓捣多重宇宙的理论，那还是在拿他们的声誉开玩笑；如今则成为时尚。乍一看，物理学家们好似开路先锋，费尽周折地让公众了解他们关于平行宇宙的大胆想法。如果再细心观察，可以发现：物理学家是最后一批要求为自己索回这一思想的人。哲学家和作家早就想透了多重宇宙的细枝末节。不过，对多重宇宙的设想，有时候和平行世界本身一样千姿百态。

多重宇宙和诗歌

2500 年来，即：自西方文化发端以来，多重宇宙的想法一直萦绕在人们的脑海里。古希腊时期的宇宙学先驱、中世纪的基督教经院哲学家、文艺复兴时期的最初自然研究学者——他们都对其他的众世界进行了思考。

随着 17 世纪启蒙运动的开始，欧洲已经从中世纪狭隘的思想方式和生活方式中解放了出来，想象力活跃丰富：布莱斯·帕斯卡，17 世纪最具洞察力的思想家之一，想象众宇宙存在于我们宇宙的原子的内部。英国数学家约瑟夫·拉弗森（Joseph Raphson）确信："不仅可能存在为数众多的世界，而且实际上也存在着几乎是无穷无尽的众多体系，它们是具有丰富多彩的现象和生物的形形色色的运动法则。"荷兰哲学家巴鲁赫·德·斯宾诺莎（Baruch de Spinoza）更进一步，他大胆地宣称，所有可能的一切都完完全全、真真实实地存在着——和 300 年后他的美国同行大卫·刘易斯（David Lewis）观点相似，后文我们还要谈到他。

18 世纪，克罗地亚裔意大利哲学家兼耶稣会会士罗杰斯·博什科维奇（Rugier Bošković）猜测众世界与我们的宇宙在因果关系上是脱钩的："在相同的空间可能存在大量的宇宙。它们互相分离，所以彼此完全独立，而且从来都看不到其他宇宙的存在。"这句话本来也可以在纽约的舞台上讲，博什科维奇的脚本类似于弦理论的多重宇宙，第九章中我们还要详细介绍后者。几乎是与博什科维奇同时，最高启蒙运动者康德也琢磨着其他宇宙的存在——在我们的宇宙的前边、后边和旁边。在其《纯粹理性批判》（*Kritik der reinen Vernunft*）一书中，他试图通过对我们的时间概念的纯粹反思来搞清楚，宇宙是否曾经有过开端（他的总结令人幡然醒悟：人们陷入矛盾之中）。

如今看上去是那么具有革命性的、关于多重宇宙的一切几乎都曾想到过。美国人埃德加·爱伦·坡（Edgar Allan Poe），作为诗人和创作忧郁沉闷的超短篇小说作家的身份知名度更高一些，于 1848 年 2 月 3 日在纽约社会图书馆作关于宇宙起源学说的报告时宣称，宇宙产生自一个点，也将在该点上崩塌后接着被重新创造出来，当时他肯定无法预知，自己抢先发布了 150 年后几位物理学家在找寻世界公式时研究出来的系列多重宇宙的理论。

就连马克·艾弗雷特的父亲休 1957 年提出世界连续不断地分裂出平行世界这一狂妄不羁的论点时，这个想法也已经 16 岁了：阿根廷作家豪尔赫·路易斯·博尔赫斯在一篇超短篇小说里解释过它——内心里不存在物理学方面的想法。

艾弗雷特的量子多重宇宙在文学中也曾闪亮登场，同样也是没有指名道姓地提出来，那是在俄罗斯裔美国作家弗拉基米尔·纳博科夫的小说《微暗的火》（*Pale Fire*，1962）里。他和一对姓 Shade（英语，意为：阴影）的夫妇做一个“多世界的游戏”，这对夫妇同时死亡和继续生存——在形形色色相互影响的世界里。纳博科夫一系列作品中的故事都发生在扭曲的镜子世界中：譬如，他的小说《阿达，或热情：一部家族史》（*Ada oder das Verlangen*，1969）讲述了在一个“反地球”上发生的手足情深的故事。

在当前的世界文学中，也不乏多重宇宙。美国作家托马斯·品钦（Thomas Pynchon）根据弦理论的配方设计了一款眼花缭乱、错综复杂的多重宇宙，他上千页的鸿篇巨制《抵抗白昼》（*Gegen den Tag*，2006）就发生其中。品钦笔下的人物在各个世界间来回穿梭旅行，就像是穿行在各大洲之间，从一个反地球到另一个反地球，就像是从剑桥到科罗拉多。从一个世界到另一个世界，物理学法则会有所不同——如同在弦理论的多重宇宙中。“您认为是‘此’世界的这个世界将灭亡并沉入地狱。”品钦写道。他曾经这样阐释他的小说：“如果这不是此世界，那它就是此世界可能的那个样子，带有一两个小小的变化。”不过，与弦理论不同的是，品钦认为，我们出生于一个特别无聊的世界，而非一个特别有趣的世界。

在丹尼尔·克尔曼（Daniel Kehlmann）的小说《荣誉》（*Ruhm*，2009）里，多重宇宙的想法在唯一的一处瞬时闪现：“他有一种触电般刺痒痒的感觉，那感觉就仿佛是他的一个貌合神似者，他自己在另一个宇宙中的代表，刚刚找到一家昂贵的餐馆并偶遇一位高个儿的漂亮女士，她全神贯注地倾听他讲话，讲到风趣俏皮之处，她会开心大笑，她的手有时候就好像是在不经意间，会碰到他的手。”透过窗户瞥见在另一个世界中的自己，这种事一般只会发生在梦里。但是现在，现代物理学跑来鼓励我们：在多重宇宙中，所有的梦想都将成真，而且每个人每天都会和一位新结识的漂亮人士共同进餐。

看上去，仿佛自然科学家差不多是最后一个想到，我们的世界不是孤家寡人。至少，科幻作品的“粉丝”们感到诧异，多重宇宙怎么可能这么长时间逃脱了科学家的注意。自从刘易斯·卡洛尔（Lewis Carroll）让他的爱丽丝漫游奇境以来，多世界的设计草案在科幻小说和幻想中层出不穷，增长规模几乎无法综观全览。主角们轻车熟路地周游于各个世界之间，在那里大动干戈，自行创建新宇宙，当他们有所需要、却无法在自己的世界中找到时，就从另一个世界进口。多重宇宙作家中的大师为英国人迈克·摩考克（Michael Moorcock）。他的三部曲《永恒的战士》（*Der ewige Held*）中的故事情节发生在一个巨大的多重宇宙，里面包含了大小各异、年龄段不同、史前史色彩纷呈的地球不计其数。书名中的主人公在自己的生存空间里如鱼得水，在更大尺度的宇宙中有着多重性格。

现在，科学家们走来，说道，这些并非仅仅是思想游戏而已；那些其他的世界确实存在，真实得如同马克·艾弗雷特的络腮胡。有些纽约的听众显然很抵制这一观念。“也许这一切是很可信的，”一位男士发言道，“可是这还是科学吗？更确切地说，这不成了宗教了吗？或者，这仅仅是个直觉？”——“马克父亲的理论开始呢是个方程式，”马克斯·铁马克说道，“从这个方程式推导出，我的手机能用以及存在着平行世界。理论嘛就是这个样子了。要么，你接受它们及其所有的结论——要么，根本不接受。那样的话，就得提供另一个理论。迄今为止，还没人能有一个更好的理论。”

多重宇宙、多元宇宙、全宇宙还是巨型宇宙？

语言就已经在反抗这种情况：可能存在不止一个宇宙。在《瓦里希德语词典》里，“宇宙”这个概念没有复数，而只有缩写“unz.”，意为：不可数。为什么要去数呢？宇宙，这是辽阔的太空，怎么可能有好几个呢？“我们人类喜爱鸵鸟的伎俩，”马克斯·铁马克说道，“我们把头埋到沙子里面，然后故作姿态，就好像我们无法看到的一切都不存在似的。人们曾很长时间以为，世界就是他们可以步行抵达的一切。而后，他们又对地球之大感到惊诧。”今天，有些人，也包括宇宙学家，认为，世界即可以看到的一切，也就是，一个假想的球体，地球位于中心，半径450亿光年，这段路程是光自原始大爆炸以来所走过的距离（宇宙空间的膨胀已计算在内）。当然，世界也可能在这个视野的地平线之后突然止步。但是，更合乎自然的假设是，它还要再延续一段。对于宇宙观来说，可不是“越小越好”。

纽约的听众开始谨慎地越过视野的地平线探索外面的世界。“这些平行宇宙，”一位女士惊异地问道，“在那里，也可以和死人的灵魂沟通吗?”——“我们这里逝去的人继续生活在其他的宇宙里，”加来道雄回答道，“在他们的眼里，我们的宇宙，也就是他们离世的这个宇宙，看上去完全是荒谬可笑的。他们认为他们的宇宙是正确的，我们的宇宙是错误的。”礼堂里鸦雀无声。反过来，是不是可以说，我们在这里是活人，在其他的宇宙里就已经死亡了？“许多人对我父亲的理论接受起来都觉得困难，因为他的理论说，某某地方发生着一大堆可怕的事情，”马克·艾弗雷特说道，“但是，我是一个乐观主义者，我总去想那些也会发生的美妙事情。”

科学家对多重宇宙并不比门外汉感觉更容易，恰恰相反。很久以来，他们觉得存在唯一一个宇宙就已经够受的了。“居然没有人跟我谈宇宙!”据说20世纪30年代，诺贝尔奖得主欧内斯特·卢瑟福这么警告他的同事。那时候，宇宙学被视为哲学家的活动地盘。直到阿尔伯特·爱因斯坦可以用他的相对论把宇宙作为整体来进行把握以后，人们才将之作为自然科学严肃对待。但是，卢瑟福的警告之声依旧余音绕梁。许多科学家仍然认为，对宇宙的猜想固然不错，但研究很糟糕。至于其他的宇宙，我们暂时大可不必去着手。

直至几年前，宇宙学这门所有科学中最古老的学问，还是个极其循规蹈矩的学科。其世界观考虑得全面、通透：宇宙以大爆炸开始，爆炸的冲击力至今并且永远驱使宇宙向外拉伸。它所有的存货，包括人，都是一开始所有物质还可以容纳在一个原子核时量子微弱震颤的产物。宇宙学家又把他们一致同意的模式拉扯平整，如同英国的园丁整理玫瑰花丛。他们在这儿调整一个常数，在那儿补充几个粒子，鲜有争吵的机会。所以，如今讨论的话题就越发的多了。越来越多的宇宙学家认识到，我们的宇宙的特性无法用唯一存在的一个宇宙来解释。这与生物同理：哪里有一个，附近的某个地方就必定还有一个。宇宙产生于其他宇宙，他们有兄弟姐妹和后代。他们的特征，有的是偶然性的，有的是本质性的。

凭着多重宇宙，宇宙学又大胆闯进了前苏格拉底学派和文艺复兴时期思想家的宇宙学领地。它离开了实验可检验性的土地，变成推测性的、有争议的了。这样能行吗？不行，批评家们说道，只要宇宙学想被当作科学得到严肃的对待，就不可以这样。为什么不行呢？捍卫者问道，难道我们视野的地平线也是我们的思维地平线不成？

由于多重宇宙，科学靠近了幻想的边界。“多重宇宙”这个词动荡的历史就很说明问题。先后有过多次发明，以与它的意思协调一致。首次现身于印刷品上是在 1895 年。美国心理学家威廉·詹姆斯（William James）在《信仰的意志》（*The Will to Believe*）中写道：“可以看到的天性均是可塑的、随意的——如果可以的话，就称之为一个道德的多重宇宙，而非一个道德宇宙。”但是，詹姆斯想到的可不是繁多的世界，而是在唯一世界中的道德的多元论。

苏格兰业余天文学家安迪·尼莫（Andy Nimmo）1960 年 12 月提到的“多重宇宙”这个词接近了该词今天的意思。尼莫当时任英国星际学会苏格兰分会的二把手，他正准备一份关于休·艾弗雷特理论的报告。“我需要一个复数，可又不想用‘世界’的复数，因为它在我们的圈里意思是行星，”尼莫回忆道，“于是，我发明了‘多重宇宙’这个词并把它定义为‘表面看上去似乎是一个宇宙，其中有大量的宇宙构成了整个的宇宙’。”

尼莫对宇宙和多重宇宙的理解和我们今天的理解恰好南辕北辙。相传，“多重宇宙”某某时间不知怎么地渗透到了英国的科幻小说界，作家迈克·摩考克偶然知道了这个词，赋予了它今天的意思并把它写在书里，从而传播到人们中间。90 年代，摩考克的读者群当中有一位牛津大学的量子物理学家大卫·道奇（David Deutsch）。他继续使用了为休·艾弗雷特理论所发明的这个概念——用于尼莫称之为“宇宙”的东西。多重宇宙来到了科学界，研究人员为它赋予了生命。

从物理学的各个分支领域纷纷涌现出了多重宇宙理论：从量子理论、

宇宙学、粒子物理学和弦理论。只要是物理学家对此前所使用的语言有不满意的地方，他就创造一个新概念。弦理论家雷欧纳德·苏斯金德谈的是“巨型宇宙”（Megaversum），宇宙学家劳伦斯·克洛斯论的是“后宇宙”（Metaversum），他的同行唐·佩直（Don Page）讲的是“全宇宙”（Holokosmos），有些哲学家说的是“多元宇宙”（Pluriversum）。量子物理学家使用“总宇宙”（Omniversum），意指所有世界分支的整体（而爵士乐爱好者用它表示美国的大型爵士乐队）。“超宇宙”（Ultraversum）是90年代一套连环漫画丛书的名字，这个词最近也可以在物理学家的行话中找到。

多重宇宙——一个电脑游戏

在这一时期，人们谈论着太多的有关多重宇宙的草案，就连专家们都无法通览全貌。马克斯·铁马克稍微整理了一下这些杂乱无章的世界：“马克的父亲发现了第一种平行宇宙，”他在纽约解释道，“但是，今天研究人员谈论的，至少还有其他的三种。”铁马克设想的是在四个层次上的多重宇宙草案，可与电脑游戏中的难度级别相比，草案按照疯狂程度从低到高的顺序排列。

在一级上面，我们漫游的是在第四章中所描述的初学者的多重宇宙：宇宙空间在地平线的那一侧和这一侧同样继续延伸——直至无穷无尽。物理学法则放之四海皆准。不过，它们所能容许的一切，也会真的发生。外面存在着一切所能想象得到的各种变体：太阳、地球和人。一切皆无穷尽使然！这就是世界的多样性，古典时期的哲学家，如：德谟克利特和鲁克雷茨，也曾训导过它，文艺复兴时期的哲学家乔尔丹诺·布鲁诺为它得罪了教会而被施以火刑。

二级上的众宇宙也还是统一于一个有着内在关联的空间之内。可以从地球出发，用手指向它们的方向。它们就像泡沫浴中的泡泡那样产生和消失，多得不计其数。有些宇宙包含有星系，其他一些宇宙是空荡荡的，还有一些地方刚出生不久。但是现在，一个地方和另一个地方的自然法则就有所变异了。“二级上的学生不仅在历史课上学到的东西和我们的不一样，而且在物理课上学的内容也不同。”马克斯·铁马克说。这一级别的游戏规则我们将在第九章中讲到。

到达第三级后，那里的统治者就是休·艾弗雷特的理论了。级别越高越抽象。众世界不再是并排列于物理空间内，而是处于数学的“组态空间”里。我们可以把三级多重宇宙想象成一棵正在生长的树木：世界发展生生不息地分枝抽条。各个枝条在彼此完全长开之前，根据量子力学的规则相互影响（详情参见第十章）。

四级是为多重宇宙的铁杆“粉丝”准备的。再没有哪个自然法则是一成不变的，也不存在总括型物理学理论。只要是在逻辑上不存在矛盾的一切，都确确实实存在着（更多内容参见第十二章）。有些宇宙是由一根会说话的咖喱香肠和数字“7”构成的。不可能有更多的多重宇宙了。

铁马克的多重宇宙大厦的级别的确是一层在另一层的基础上搭建起来的。较低层次的多重宇宙分别是较高层次的部分世界。例如：二级中的泡泡多重宇宙仅仅是三级的唯一的一个世界分支。也就是说，多重宇宙可能是重叠套嵌的，如同俄罗斯的套娃娃：世界中的世界中的世界。不过，究竟有多少套叠，这是开放性的。“一级多重宇宙是相当无可争议的。”铁马克说道。永恒膨胀的脚本（二级）和量子物理学的艾弗雷特版本（三级）虽然拥有了更多的支持者，但在物理学家中间还远未安家落户——而四级恐怕永远不会在他们那里站稳脚跟了。“这不是多重宇宙是否存在的问题，”铁马克说道，“而是它有多少个层次的问题。”

也许事情甚至还要错综复杂，因为铁马克并没有把所有当前讨论的理论都安置进他的多重宇宙的四层楼里。

譬如，谁说的，宇宙只能在空间内并排平列？它们亦可以在时间上前后衔接。这种理论是普林斯顿大学的美国人保尔·斯坦因哈特和宾夕法尼亚州立大学（Pennsylvania State University）的德国人马丁·伯卓瓦（Martin Bojowald）创立的，二人都是在寻找一个可以包罗万象的自然力理论。这是另类的脚本，里面的时间突然倒流或者我们的世界每隔几万亿年就和另一个世界猛烈相撞，所以它全部损毁，然后就在自己的废墟中重获新生，犹如凤凰涅槃浴火重生——世界不断在形成和消失。这些脚本看上去好像是印度教轮回教义的形式版本，或者好似犹太教神秘教义对《旧约·创世记》的阐释。

或者近在身旁就有新的宇宙在产生，可是我们无法看见，是在黑洞的内部？美国粒子物理学家詹姆斯·比约肯（James Bjorken）这么猜测。他推想，我们的家乡宇宙也许起源于另一个宇宙的一个黑洞。加拿大圆周理论物理研究所的李·斯莫林亦持有相似的理论。在他的多重宇宙中，子宇宙继承了母宇宙的物理学法则，不过，会有小小的基因突变。从长远来看，宇宙是以最纯粹的达尔文进化论来发展的：乐于繁衍后代的宇宙，即：那些内部产生很多黑洞的宇宙，会淘汰掉不够多产的宇宙。在物理学家的圈子里，像斯坦因哈特和斯莫林这样的理论是受到冷落、孤立的，它们远未得到如膨胀理论和艾弗雷特量子理论那样深入的探讨。尽管如此，它们也适合加入当今科学界正在进行着的多重宇宙大会师的队伍中。哪些种类的世界将经受得住讨论，还有待于证明。但是，讨论完全撇开多重宇宙的情况，恐怕不会再发生了。

在纽约的那天晚上，讨论过程中的气氛和缓轻松。听众们对多世界的想法兴趣盎然。其中一位还有个问题要问马克·艾弗雷特："在一个平行宇宙中，您有一位慈爱的父亲，您成了科学家，而不是音乐家，而且现在正为我们解释多重宇宙。这难道不是您真正的使命吗?"——"哇噻，"艾弗雷特回答道，"生来就是物理天才，那太棒了。但是，我听说流行乐队迷们可不怎么样。"

第八章
他者的生活

事情发生在1969年2月波士顿以北的剑桥市。我坐在查尔斯河畔的长椅上，向后倚靠在椅背上。我突然感觉自己仿佛曾经经历过这样的时刻。有人在长椅的另一头坐了下来。我喜欢独处，但也不想站起身来，显得自己很失礼。那个人开始吹起口哨来。此时此刻，我第一次体味到了抑郁沉闷，而后的一个上午我又多次挨过这样的时刻。他吹的曲调，他力图要吹的曲调（我向来不怎么懂音乐），是克里奥尔舞曲《以利亚·雷古莱斯的小屋》。这种曲式使我重新置身于一个已经消失的院落，它让我想起多年前已经故去的阿尔瓦罗·梅丽安·拉菲努尔。然后，有人说话。那声音不是阿尔瓦罗的，可听上去却很像。我辨认出了那声音，大吃了一惊。

——豪尔赫·路易斯·博尔赫斯，《那个人》（*Der Andere*），1975年

假设您得到了一个新的电视接口，销售人员许诺可以接收无穷多个频道。您接通了接收器，兴奋不已地依次在丰富多彩得看似取之不尽的各套节目间换来转去。没过多久，您失望地发现：净是些重复。您受骗上当了吗？没有——只能是这种情况！因为您的屏幕上的图像单元，人们所说的像素，是有限的，所以，使这些像素合成一个画面、然后让这些画面再组成一部影片，这样做虽然存在着无法想象之众的可能性，但却不是无穷多的可能性。任何可以想象得到的节目播放到一定的长度，到时候就播放完了。后面再演播的，是已经演过的了，而且还将演上无数次。无穷多套节目对一台有限的电视机来说，就太多了。

多重宇宙也与此相仿。我们的家乡宇宙是巨大的，但却是有限的。地平线的后面还有其他的宇宙，其他后面还有更多，更多后面还有更多。

宇宙的工作原理和电视节目是一样的。空间、时间、能量和物质都是原子化——像素化的。如果多重宇宙是由无限多个这样的有限的平行世界构成的，重复就在所难免。和看电视是一样的，但有一个重大区别：在电视机前面，您仅仅是观众；在现实世界中，您是情节的一部分，因而也是重复的一部分。连您自己也曾来过此地，并且做过所有正在做的事情。如此等等。

因为在辽阔的多重宇宙中，存在着和我们的世界相同得乃至最后一颗原子都一样的众世界，它们拥有我们的银河、我们的太阳系、我们的地球和每一个人的精确翻版。在有些宇宙里，您的貌合神似者正模仿着您的每一个动作的细节。其他宇宙则有偏差：您坐着不动的时候，您的貌合神似者却站了起来，或者从椅子上摔了下来。

在多重宇宙中，任何可以想见的历史都听其自然地发展。多重宇宙要么是所有世界中最有趣的一个，要么是最无聊的一个，全看大家怎么看。一方面，它必须提供所有那些只有可能发生的事；另一方面，除了把生活当作循环以外，它没有提供什么新鲜玩意儿。电影《罗拉快跑》（*Lola rennt*）的制作者们编剧本时，大概没有想到过宇宙学，但他们其实是拍了一部关于多重宇宙的片子。他们讲述了一位年轻女士可能出现的三种命运：她生活中相同的20分钟出现了三次，楼梯间发生的短暂的故意冲撞，却分别导致了三种不同的发展格局。影片是一个接一个地讲述这些故事的：第一种结局是罗拉最后被击毙；下一个结局是被救护车运走；第三种结局是皆大欢喜。在多重宇宙中，所有的故事都同样真实，只是为每一个故事都预留了一个自己的世界。

一切皆曾在此，一切皆曾做过：这种设想本身就反反复复在文化史中以新面孔亮相，无论是在电影剧本中，还是在小说里；无论是作为神话，还是作为寓言；无论在宗教，还是哲学当中。

19世纪，弗里德里希·尼采想象宇宙是永恒的轮回。这位德国的创造性思维的奇才深入研读了他那个时代的自然科学，但是，循环宇宙的想法与其说是认知得来，倒不如说是顿悟所得，那是1881年8月的一个中午，在瑞士的一个孤寂的山林中，“远离人和时间6000英尺”，后来他以尼采特有的激情回忆着。他突然意识到：“我产生轮回想法的时刻是不朽的。为了这个时刻，我忍受了轮回。”

从此以后，尼采认为，宇宙总是循环往复地经历着一成不变的历史，因为它仅有有限多的状况。他推想驱动宇宙的是一种“万能力量”，其可能的状态和发展是“确定和有限的”——正如我们客厅里有限屏幕上可能出现的电视节目。由于时间是无限的，到了某个时候，一切就会周而复始。无论我们在做什么，我们都已经做过无数遍了并且还将再三去做。我们行动直到永恒。所以，采取正确的行动，也就愈发重要，尼采劝诫道。

在科幻小说家的想象中，对貌合神似者的众世界的设想都有具体的外形。有时它会变身噩梦。美国人拉里·尼文（Larry Niven）在他的故事《那所有数不清的路》（*All the Myriad Ways*）中就描写了，认识到所有可能性皆会确实发生，这会如何致使人类跌入道德的混乱境地。如果我的貌合神似者在近旁举止失当，还要正派干什么用呢？尼文生动地描绘出，人们开始劫掠和谋杀。尼采的旨意显然从未传达到他们那里。

宇宙是个复印机

想象力的发挥既不需要数学公式，也不需要望远镜。这也难怪，众多世界被设想出来之后，又过了很久，才得到自然科学家们的正视。几年来，可以在物理学、分支宇宙学中发现一个惊人的发展态势：严谨的科学家关于宇宙的理论读起来让人突然觉得还不如好莱坞的电影剧本或者尼文以及其他科幻小说家的小说可信。

比如，凡是亲身经历过亚历山大·维兰金和安德雷·林德这两位流亡国外的俄罗斯人2007年秋天的会晤的人，都可能会怀疑，自己面前的是否真的是当今最著名的宇宙学家中的两位。会晤地点：维尔茨堡的什一税谷仓。中世纪时，农民在这里上缴实物税，如今，谷仓作为会议楼。来自世界各地的二十几位科学家来到这里，讨论宇宙的开端。休息时，他们也是三句话不离本行，没完没了地谈暗物质和暗能量、自然常数和量子波动。维兰金和林德坐在一张乡下式样的木桌旁喝着橙汁。

亚历山大·维兰金：我们正在进行的谈话，在其他的众宇宙中也同样是和相同的人们进行着无穷无尽的次数。

马克斯·劳讷：您在开玩笑吧。

维兰金：每一个可能发生的故事，在某个地方也在发生着。我们人有很多副本。

劳讷：貌合神似的宇宙也都和我们的一模一样，连每个原子都在同一个地方？

维兰金：是我们世界的精确副本。当然还有多得多的地区发生着完全不同的事情。

劳讷：在那里，我所喜爱的球队在联邦甲级联赛中没有输球，而是赢了？

维兰金：正确。

安德雷·林德：在那里，这次会谈的内容从来不会被刊印。

劳讷：在这样的一个世界中，生命有什么意义吗？

林德：人们过着自己的生活，即使副本做着同样的事情。为什么要担忧呢？

维兰金：说实话，我觉得很沮丧。最令我沮丧的是唯一性的丧失。无论我们现在的文明程度现在是好是坏，我一直认为，我们是奇特的，像艺术品一样值得珍藏。可现在看上去，就好像那里放着无穷多个其他的艺术品。

林德：亚历山大，固然有些地方，康定斯基（Kandinski）不会画出他那些美妙绝伦的画作来，但是也还有许多地方，他画出了它们。这让我充满了希望。

维兰金：有些人喜欢多重宇宙的想法，因为那样的话，就会有很多世界比我们的世界美好。人们的反应是千差万别的。

劳讷：您常收到恶言相加的信件吗?

维兰金：不，我得到建议，建议我去推行佛教。

根据评价科学的通行标准，维兰金和林德算不得在胡言乱语。他们在有威望的专业杂志上发表文章，在大学里从事教学和研究，在大型会议上作报告。而且他们不是单枪匹马。

“我们宇宙中的一切——包括您和我、每一颗原子和每一个星系——在其他的宇宙中都有一个对应物。”大卫·道奇如是认为。他是牛津大学古怪、天才的物理学家，因其量子计算机理论而著名。马克斯·铁马克宣称：“在一个无穷大的宇宙中，只要走得足够远，就会发现有着您的副本的第二个地球。”就连马丁·里斯也十分看重这个脚本。“在宇宙无穷无尽的总和中，存在着少数几个特别出众的宇宙，它们具备产生生命的特殊条件，这没有什么可吃惊的。”他在《宇宙之谜》（*Das Rätsel des Universums*）一书中写道。

1975 年，俄罗斯物理学家及扩军备战的反对者安德烈·萨哈罗夫（Andrej Sacharow）在其诺贝尔和平奖获奖演讲中就描述了一个宇宙，这个宇宙使人们回忆起尼采的循环宇宙。由于苏联人拒绝同意他出境，他的夫人叶连娜·邦纳（Jelena Bonner）代为领取了诺贝尔奖。1975 年夏天，国家批准她出境，赴意大利做一个眼科手术。她在西方待了几个月，年底去了挪威。12 月 11 日，她在奥斯陆大学的礼堂宣读了她丈夫的演讲稿。里面的内容涉及和平与人权、裁军与冷战。第二天，世界各地的报纸纷纷援引了部分段落。编辑部虽然缩减了讲稿的结尾部分，但它却经受住了冷战的洗礼：

> 无穷无尽的宇宙空间中，一定存在着许许多多的文明，其中就有些文明比我们的文明更理智、“更成功”。宇宙的发展在其基本特征上无限频繁地进行着重复，我是这一宇宙学假说的拥护者。据此假说，包括“更成功”的文明在内的其他的文明必定无限频繁地存在于宇宙这本书中“前行”和“后续”的书页上。但这并不会削弱我们在我们自己的世界中所做出的种种努力，在这个世界上，我们如黑暗中微光闪烁的光点，从黑暗的无意识的虚无中浮现出片刻。我们应该运用我们的理智——为了公平合理的生活，也为了我们仅能隐隐约约意识到的目标。

萨哈罗夫的这份表白不仅抢先公布了多重宇宙的图景（在他的模式中，文明是以时间先后顺次产生，而非处于平行世界中的）。同时，他也即刻提出了多重宇宙中的生活伦理。

有一点萨哈罗夫没有向听众们作交代：其他文明存在的证据。但当时似乎并没有人觉得这有什么妨害。宇宙学在70年代更多地属于哲学的范畴，与其说是科学、倒不如说是感觉，而且缺少观测数据。虽然已经有美国的VELA卫星在100 000公里的高空环绕地球，侦查秘密原子弹试验的伽马射线。同时，卫星也记录宇宙中遥远星系里星体爆炸所发射出来的伽马闪电。但是，这些数据都是保密的。宇宙产生的理论在30年前也还没有得到长足的发展。当时有了原始大爆炸理论，但还存在很多缺陷。

如今，几十颗科研卫星绕地而飞，在各个频率上监控着宇宙空间。哈勃望远镜提供着宇宙边缘地带的图片，即：在原始大爆炸发生后不久就发射出光线的那些星系的图片；普朗克卫星测量充斥整个宇宙并从四面八方照射到地球的微波辐射，即：原始大爆炸的回声。宇宙学已经成为精密科学，它的理论可以借助于观测得到验证。

理论家们也不是无所作为。他们为原始大爆炸模型扩展出了膨胀理论，根据该理论，宇宙在原始大爆炸发生后不久即发生爆炸式膨胀。理论与观察如今相互配合，形成一幅坚韧耐久的画卷。“我上大学的时候，我们讨论宇宙是100亿年还是200亿年了，”马克斯·铁马克回忆着，“现在则讨论，宇宙是137亿年还是138亿年了。”而铁马克上大学还根本不是什么久远的事情：他是1967年生人。

关于宇宙的历史和结构，我们比以前任何时候都知道得更多。但关于貌合神似者，迄今还没有任何蛛丝马迹。为什么我们听不到我们的克隆人的任何消息？为什么我们用哈勃望远镜看不到他们、用射电望远镜接收不到他们的信号？尽管这样，为什么经验丰富的教授们仍然如此坚定不移地相信他们的存在？

指望猴子

相信存在貌合神似者的科学家们大多用两个理论进行论证：概率理论和量子物理学。来自概率理论的论据是，多重宇宙如此浩大，所以，概率大于0的一切事物，一定在某处发生着——也就是说，我们的貌合神似者的出生也不例外。这就如同那只不朽的猴子，毫无选择地敲击打字机的键盘。几百年来，作家、哲学家和数学家以各种不同的变体讲述着这个著名的思想实验。一个受欢迎的版本是仿照法国数学家埃米尔·波莱尔（Émile Borel）1909年的一个脚本，内容是这样的：假使猴子有无穷多的时间并且在一台打字机上完全随机地敲打字母，那么，它将不仅创造出几十亿行令人无法理解的字母大拼盘来，而且有一天，也相当有可能打出莎士比亚的《哈姆雷特》（*Hamlet*）来——没有一点儿打字错误。

说不定什么时候，猴子在键盘之下还会随机敲打出《哈利·波特》（*Harry Potter*）、《浮士德》（*Faust*）第一部和第二部、《登月传奇：佩利·罗丹》（*Perry Rhodan*）、《圣经》和《古兰经》（*Koran*）以及费马（Fermat）的证明，还有世界文学的其余部分以及所有狄特·波伦（Dieter Bohlen）的传记、博士论文和食谱等等只有人才可以写出来的东西。所有这些出现的概率很小，猴子势必要在打字机前坐上比宇宙现在的年龄——140亿年还要漫长得多的时间。即便是打出《哈姆雷特》的前20个字母，其概率和连续四次摇奖而斩获累积奖金的概率一样低。猴子打出整部《哈姆雷特》的概率低得就更不可想象了，但还不是0，因而总有一天会写出来，因为猴子有永恒的时间。学者们用这一思想实验，试图认清无限的力量。数学家们将之作为无限猴子定理（Infinite Monkey Theorem）纳入到教科书中。

不过，真正的猴子是不适于做这个实验的。英国学艺术的大学生们提供了证据。他们把一个电脑键盘放入德文郡（Devon）动物园里6只猕猴的窝舍里一个月之久，最后，猴子们制造出5页的文学作品，里面的内容主要是字母S。领头的那个家伙还用石头猛砸键盘，其他同伙肆无忌惮地在上面小便。

但是，无限猴子定理讲的不是猴子，而是原理，这个原理说明：任何（有限的）字母排序都会实实在在地出现在无限连续的随机序列中。可以以毫无意义的字母串“odixc z wnxclfdghasl pqqmybn”开始的，说不定什么时候就会以“Sein oder Nichtsein”（出自莎士比亚名句“生还是死”。——译者注）结束。应用于宇宙学，从猴子定理就可以推出：概率很小的事件会实实在在地出现在无限的世界中。

为什么这个世界会创造双胞胎宇宙？在无穷大的多重宇宙，难道不可能也产生无穷多的、各不相同、没有重复的次级宇宙？不可能，宇宙学家，如：亚历山大·维兰金说道，量子物理学阻断了这种可能性。在无限空间的任何部分，只存在着有限数量的基本粒子，如：电子和夸克（夸克构成原子）。根据量子物理学，在空间中排列基本粒子，只存在着有限数量的可能性。据此，每一个次级宇宙都如同一个象棋棋盘：基本粒子只能占据方格，不能骑在线上。如果要在多重宇宙别的什么地方，一个电子一个电子、一个夸克一个夸克、一个原子一个原子地仿造我们的宇宙，我们只有有限数量的可能性来排列原子。

这样一来，宇宙复印机就准备好了。虽然没有更高级的生命，在别的什么地方一个原子一个原子地仿造我们的宇宙，但是即便是有，也不需要这么做。偶然性和无限性接手了这项任务。原始大爆炸发生后，偶然在空间分配了物质，无限负责出现重复：因此，出于统计学原因，在多重宇宙中遇到和我们的天体一模一样的想象天体（包括地球和人的翻版在内），只是个距离问题。仅仅是在思想上必须旅行到足够远的地方，正如猴子要想有朝一日创造出《哈姆雷特》的那五幕，只须有足够长的打字时间；正如要想在无穷多的电视频道中碰到一次重复，只须有足够长的时间按键换台。

所有的克隆体想的都一样？

我们暂且接受：存在着双胞胎宇宙，其中生活着我们的物理学上的貌合神似者。有些人身上发生的事情和我们的完全不同，有些人身上发生的事情和我们的毫厘不爽。但是，他们思考、相信和感觉到的一切跟我们完全一样，仅仅是因为他们具体到每一颗原子的结构都和我们的相同，因而连大脑的状况也相同吗？顽固的自然科学家倾向于假设意识仅仅是神经元活动的一个样本。也许他们想得太简单了。

两个在物理学意义上彼此一致的生命真的总是拥有相同的意识吗？究竟能否把一个人的意识和另一个人的意识加以比较呢？我们来试一试吧。把我们的宇宙简称为 U，在思想中将其进行复制。副本名 V，是 U 在物理学上精确的复制品。这意味着，在 V 中，有一个双胞胎地球环绕着双胞胎太阳而行，双胞胎地球上碰巧有一位您的完美翻版，他正在埋头苦读与本书连最后一个印刷墨点都相同的一本书。两个宇宙中，适用相同的自然法则，因此，它们的发展是完全同步的。如果您现在若有所思地将目光从书中向上移开，那么，您的貌合神似者也会抬起头来。如果您明天去电影院，他也恰好看相同的影片。

但是，他这一切的经历跟您的完全一样吗？哲学家会问：他的主观经历内容跟您的相同吗？——用行话来说，感受性（Qualia）——和您一样？答案是非常值得商榷的。

像塔夫茨大学的丹尼尔·丹尼特（Daniel Dennett）这样的还原主义者认为，根本没有可比性：我们没有主观状况，只有物质性的。所以说，您和您在 V 中的貌合神似者真的无法区分。哲学家大卫·查默斯（David Chalmers）持相反的观点。这个澳大利亚人认为，人的主观经历不能还原简化为其物质状态。极端情况下，您的复制品在电影院里根本没有任何体验，而您此时却随着影片的情节心潮澎湃起来。如果您闻或者摸什么东西，您的复制品也只会装个样子这么做。他像僵尸一样神出鬼没于他的世界，是血和肉打造的一台死机器。总之，查默斯相信在分子的另一侧存在灵魂，哲学家称之为二元论（Dualismus）。只是：我们从哪里得到我们的灵魂，为什么僵尸没有灵魂？查默斯也无法回答。也许您就是刚巧赶上了对的宇宙，而僵尸永远也不会发现自己有多倒霉。

2003 年离世的美国哲学家唐纳德·戴维森（Donald Davidson）在这些极端观点中寻找折中的办法。他不是像查默斯那样的二元论者，而是丹尼特那样的一元论者：一切都是物质。但他仍坚信，物理状态完全相同的两个人是可能不同的。他也为自己设想了一个貌合神似者，只是他的思想实验不是在遥远的宇宙中进行的，而是在地球上。开始是一个难以置信的偶然情况：一片沼泽地上电闪雷鸣。一道闪电用沼泽地的分子塑造了一个和戴维森每一个物理细节都一模一样的躯体——第二个戴维森。如果复制品从沼泽地里出来，在戴维森平日的世界里散步，那么，它和真品的行动会是一模一样的。但它是相同的人吗？

戴维森（真品）否定了这个说法。他甚至拒绝把突然物质化的貌合神似者当作人来看待，他说“它”，而非“他”。虽然戴维森给沼泽地里那位男士的大脑赋予了和他自己一样的主观意识状况，但是，这些状况有着各种各样的原因。例如，如果沼泽男故作姿态，仿佛他认出了真品的一位朋友，那么，他的记忆就欺骗了他。是闪电，而非那个朋友，引起了回忆。沼泽男是不能回忆起他还从未谋面的人的。如果他有思想和感觉的话，他的思想和感觉是没有联系的。他虽然认为是在回忆，但他的回忆是假的。对戴维森来说，意识不仅仅是大脑生理学。

我们在其他世界中的貌合神似者不是沼泽男。他们有过去，他们的思想和回忆是真实的。但他们回忆的事物跟我们的不一样，他们回忆的是我们的世界的复制品。我们的生活发生在我们的地球上，他们的发生在他们的世界里。没有人同时生活在所有的地球之上。我们不必担心我们在多重宇宙中的身份。

我们的双胞胎生活在哪里？

貌合神似者在每一个不同的多重宇宙模式中都有着自己的位置。显而易见，貌合神似者生活在量子物理学的众多世界里（即：三级多重宇宙，详情参见第十章），因为根据这一理论，世界毕竟在不断地分裂为平行世界。宇宙学家马克斯·铁马克的高度抽象的四级多重宇宙（详情参见第十二章），也同样居住着貌合神似者，尤其是因为它包含的量子物理学的众多世界是作为一种子群。但是，那两个较为简单、目前最为流行的多重宇宙理论，似乎也告诉我们克隆体的存在。

亚历山大·维兰金和安德雷·林德的泡沫浴宇宙（即：二级多重宇宙，详情参见第九章），是由无穷多的泡泡组成的，每一个泡泡都自成一个宇宙，它们都是在各自的原始大爆炸中诞生的。泡泡们只有在开始时才会十分相似：在每一个泡泡的原始大爆炸中，所有的自然力——其中包括万有引力和电磁力——都汇合成为唯一的一股原始力量。然后，就会受到偶然的片刻统治。在极其短暂的第一时刻要做出决定，在各个宇宙中将分别适用哪些自然法则和自然常数。这就好像，每一个泡泡宇宙在出生后不久就获得了自己的遗传学配置，不过，它的 DNA 是由随机排序的基因组成的。其中一个泡泡由我们来居住。

在泡沫浴宇宙中，其中的一个宇宙孕育生命的概率是很小的，但就是不为 0（如果是 0 的话，我们就不可能存在了）。但根据无限猴子定理，这意味着：别的什么地方也存在着像我们的文明这样的文明，因为即使某个地方产生生命的概率还如此之低，与多重宇宙的无穷之大相乘，所得到的积是无穷的。

泡沫浴宇宙是由相当有异国情调的、各不相同的宇宙组成的，而在最为简单的多重宇宙模式（即：一级多重宇宙，详情参见第四章）中，则到处适用相同的自然法则和自然常数。空间无限延展，到处充斥着物质、星体和星系，和我们使用望远镜与卫星从地球的角度出发所观察到的那部分太空一样。我们的宇宙是这一空间内的一个球形部分，半径约为450亿光年（进位凑成整数为：10^{27}米）。这段路程是光自原始大爆炸以来所走过的距离，空间的延展也一并计算在内。更远的地方我们就目力难及了——但是可以想象，而最好的假设是，宇宙在地平线的那一侧和在这一侧相似，继续延伸。

由此推导出，即使是在所有多重宇宙中最简单的那个里，也有貌合神似者生活着。宇宙学家约翰·巴罗把这样的考虑概括总结成为一种信条：

> 我们相信，形成生命的概率大于0，因为它最终在地球上以十分自然的方式产生了。因此，在一个无限的宇宙中，就必定存在着无穷多的文明。在它们当中，也必定存在着我们各个年龄段的副本。即使有人死去，辽阔宇宙中的某个地方也会有他无穷多的副本，他们随身携带着昔日的相同记忆、相同回忆和相同经验，但却继续生活着。如此这般，直至永远的未来，如此看来，我们每一个人都永恒地“活着”。

和这一看法相比，相信永生或转世的宗教信仰就显得太没有想象力了。

我们为什么至今都没有从我们的貌合神似者那里接收到任何生命的信号，现在就水落石出了：因为他们在我们的视力和听力范围之外。马克斯·铁马克借助于量子理论和概率计算粗略地计算了一下，我们的貌合神似者住在离我们多远的地方。这是个粗线条的估计，可以把它潦草地写在餐馆里的餐巾纸上，但它却适用于物理学的大多数重要理论。我们的宇宙范围，延展大约有10^{27}米，因此，大致含有$N = 10^{115}$个基本粒子。这些基本粒子可以有2^N个可能性进行排列。因此，在距离为$2^N \times 10^{27}$米 =（约）10的10次方的115次方米的地方，应该能遇到我们宇宙的一个精确翻版。离我们最近的副本生活的地方更接近一些，因为若要让人的生命在像地球这样的行星上成为可能，不必非得让整个宇宙都是同一的。根据相似的估算，铁马克得出10的10次方的29次方米，离我们最近的翻版就生活在这么远的地方。这离得非常远，比我们宇宙的地平线还要远得多。太远了，所以任何时候也接不到貌合神似者的电话。

遇到过自己的貌合神似者的少数人当中，有一位是阿根廷作家豪尔赫·路易斯·博尔赫斯。他是在他的超短篇小说《那个人》中碰到他的：博尔赫斯坐在长椅上，似曾相识的感觉渐渐向他袭来。他未曾来这里坐过吗？他发觉有人坐在身边。那个人的说话声音惊人地耳熟。他们攀谈起来——结果发现，他们是貌合神似者：博尔赫斯身旁坐着博尔赫斯，只是年轻50岁。

博尔赫斯告诉博尔赫斯已经遗忘的年少旧事；博尔赫斯告诉博尔赫斯未来几十年里将要发生的故事。但是，他们并不能真正地沟通："我们太不同，也太相似了。我们不能欺骗彼此，这妨碍了谈话。我们两个人中的每一个人都是对方那个人漫画式的复制品。"他们约好了第二天再见。但是，博尔赫斯爽约了，因为他觉得，博尔赫斯也不会去赴约。这次邂逅令他深感困惑："为了不至于发疯，我暂时下定决心，忘掉这次相遇。"

第九章
我们奇怪的邻居

所以，你不得不再次承认，
其他的世界中还有其他的地球。

——鲁克雷茨（Lukrez），公元前1世纪

自由恋爱、毒品、反战游行，所有这一切雷欧纳德·苏斯金德都参与过，“而且还有更多”，他强调说。后来，他在斯坦福成了一名物理学教授，可内心里他依然是个叛逆者。2005年，苏斯金德写了一本书，这本书至今令他的同事们愤愤不平。《宇宙的景观》(*The Cosmic Landscape*) 分明是为多重宇宙所作的热情洋溢的辩护词。

这是挑衅，而且对苏斯金德的许多同事来说，这是个打击。这位白胡子教授是理论物理学的重量级人物之一，他参与发展了弦理论，而且他事业的大部分都投入在了寻找仅一个宇宙，即：我们的宇宙的解决方案。那个世界公式，如果有了它，全部物理学知识本来总有一天能适用于一件T恤的。可是后来却显示出，弦理论无法导出一个明确、唯一的世界公式。它的方程式解法众多，即使是最棒的解题高手也只能是估算数字。无论如何，为我们星球上的每一件T恤找到答案，那就太多了。苏斯金德没有灰心。他于是假定，各理论性解决方案绝不是数学的赘生物，而是分别相当于真实存在的各宇宙。不过，这就意味着：除了我们所熟悉的宇宙，还有数不清的其他世界，而且这些宇宙中的每一个都适用自己的自然法则。苏斯金德写道：“20世纪的老问题‘在宇宙中能够找到什么？’会被问题‘不能够找到什么？’所取代。”

苏斯金德的书具有信号效应，无异于有消息说，教皇成了印度教教徒。尽管几十年来，已经有一些量子物理学家、宇宙学家和哲学家猜想

存在着平行宇宙，但他们都是些散兵游勇。

现在，却是观念大反转。越来越多的弦理论家和粒子物理学家振振有词地论述存在众多世界的可能性。他们在物理学界形成了一个阵容强大的说客集团。就连诺贝尔奖得主斯蒂芬·温伯格（Steven Weinberg），一位立场坚定的理论家，都公开表示："对于多重宇宙我还并不信服，但我正视这种可能性。"新的世界观在研究人员的头脑里安营扎寨了。

苏斯金德现在说起话来活像个异教徒。按照他的说法，我们生活在"一个庞大的巨型宇宙中的一个无穷小的袋子里"。因此，我们的世界只是一种利于人类居住的小环境，它的旁边可还有数不清的其他宇宙呢。它们都适用各不相同的自然法则。如果每个宇宙里都设有大学，学生们就会学习各不相同的物理学。不可能把这个宇宙的教科书送给另一个宇宙。互为邻居的宇宙之间进行联系，在物理学上是不可能的，它们彼此之间距离太遥远了。因此，这一设想的主要问题是它的可验证性：我们怎么知道，这个众多世界的理论确实是对的？即便是真的存在众多的其他世界，我们也永无机会看上它们一眼，更不用说研究它们了。

对苏斯金德的理论的批判也是针锋相对的严厉。"我觉得这个苗头是危险的"，物理学教授保尔·斯坦因哈特（Paul Steinhardt）说道。"科学将会令人沮丧地走到山穷水尽的地步。"弦理论家布莱恩·格林（Brain Greene），畅销书《优雅的宇宙》（*Das elegante Universum*）的作者，担心这个想法会阻碍科学家们去探寻更深层次的解释。宇宙学家李·斯莫林（Lee Smolin）恶言相向："雷欧纳德·苏斯金德犯糊涂了，他会觉悟到自己犯了糊涂的。"

有些东西遭遇到了危险，有必要进行解释。为什么有人，如：苏斯金德，会彻底改弦易辙？他设想的多重宇宙具体到什么程度？其中有哪些东西如此有诱惑力？为什么批评家们提出反对的理由是，这个想法对物理学太危险了？

辜负使命：世界公式

一个"万能理论"是物理学的圣杯。它应该回答所有问题中最大的问题：为什么宇宙是它现在的这个样子，而不是别的样子？可惜，至今看不到这个理论的影子。

进步是有的，这毫无疑问。在过去的300年当中，物理学成果卓著的历史令人记忆犹新，研究纲要一挥而就：把千差万别的自然现象归结为尽可能少的自然法则，直到最后仅剩下一个包罗万象的自然法则。物理学家们称其为“统一”，其他的所有人都称之为“世界公式”。

牛顿是第一个走上此路的人。他提出牛顿三大定律并可以证明，这些定律不仅可以正确描述炮弹的飞行轨迹，也可以描述行星轨道。自亚里士多德以来，人们一直把自然现象划分为天上的和地上的两个部分，牛顿以此结束了这一局面。他统一了地球力学和天体力学。

物理学的第二次大统一是苏格兰数学家兼物理学家詹姆斯·克勒克·麦克斯韦（James Clerk Maxwell）在19世纪完成的。他提出了4个方程式，把电和磁互相紧密结合起来。当电流流经一根金属丝，电流会产生一个磁场。反之，当把一个线圈拉过一个磁场，磁场会在金属丝里产生电。此外，从麦克斯韦的方程式中还可以推导出，光就是从电场和磁场里发出来的振荡。麦克斯韦让电学和磁学联姻，组成了电磁学理论。

20世纪初叶，也是这样一路走来。阿尔伯特·爱因斯坦提出相对论，尼尔斯·玻尔、维尔纳·海森堡、埃尔温·薛定谔（Erwin Schrödinger）以及其他人提出了量子理论。量子理论不仅可以描述电磁学现象，还可以描述原子的世界，它比麦克斯韦的理论更全面。而爱因斯坦的相对论比牛顿的经典物理学更加普遍适用。它也适用于宇宙空间中似乎使空间发生弯曲并迫使光线转弯的重星体。它说明，质量和能量可以相互转换：“能量等于质量乘以光速的平方。” $E = mc^2$ 成为物理学最著名的公式——也成为世界公式的榜样。人们可以将之大大地写在T恤上。牛顿和麦克斯韦的旧有的理论没有错，它们成为新理论的特殊情况。

在这一成功的鼓舞下，爱因斯坦在生命中的最后30年里，还要力图使电磁学和万有引力统一为一个理论。他失败了。一位传记作家后来补充道，如果爱因斯坦在这段时间里干脆专心从事自己的业余爱好：驾驶帆船，这大概不会妨碍物理学的进步。

世界公式的使命陷入停滞。至今，它都只是在以爬行速度前行。量子理论和相对论并肩而立，就像原罪前的亚当和夏娃。它们是物理学的心脏和灵魂，可是彼此却根本无法通达对方。对于发生原始大爆炸的那个时刻，它们作用失灵，情况太极端。为什么光速约为每秒钟 300 000 公里、一颗氢原子的重量偏偏是 0. 000 000 000 000 000 000 00167 毫克，这些理论也都无从解释。在一定程度上，物理学家们不得不把好几打这样的自然常数手动填入方程式里。

弦理论家的多重宇宙

“作为年轻的物理学家，我希望在自然法则中找到美感和优雅。”雷欧纳德·苏斯金德回忆道。就像他父亲是白铁工，在纽约安装管道，直角的、平行的，总之要美观，他也是这样设想物理学的。“然而，我发现的却是令人沮丧的混乱无序。”这是60 年代末的事了。70 年代，情况有所好转，粒子物理学的标准模式产生了。当时，人们在粒子加速器上和宇宙辐射中发现了大量的粒子，标准模式为繁杂的粒子带来了些许秩序。80 年代，物理学家们欢欣鼓舞。一个新的理论让他们看到了希望，它不再把基本粒子描述为点状粒子，而是颤动的弦或线。这些弦虽然太小，无法直接观察得到（10^{-33}厘米，比一个原子核小得多），但是有了这个绝招，就可以避免方程式中出现数学的无限性。甚至相对论中的万有引力在抽象的思想大厦中也找到了位置。万有引力和量子物理学的统一似乎进入视野范围。自此，又过去了 20 年，弦理论依然错综复杂，害得有些物理学家根本不敢称其为真正的理论。

物理学的普及推广者加来道雄在《在平行宇宙中》(*Im Paralleluniversum*)一书中，把弦理论比喻成物理学家们在穿越沙漠时发现的一颗小巧、美丽的砾石：“当我们把沙子扫到一旁，我们发现，它实际上是一座宏伟的金字塔的尖顶，被几吨重的沙子掩埋在了下面。几十年后，我们又发掘到了神秘的古埃及象形文字、密室和秘密地道。总有一天，我们将推进到最底层并最终撞开大门。”加来道雄如此文辞绚丽的描绘是在叙说世界公式之梦，这个公式描述的是我们的世界，也仅仅是我们的世界，并可以从中推导出我们宇宙的所有的自然法则和自然常数。

这个梦想化成了泡影，苏斯金德说道："美好的事物变成了该死的东西。"问题出在弦理论的多维上。该理论有效的前提假设只能是：空间至少具有九维。我们显然是生活在一个三维世界中，所以，弦理论家首先就有个可信性问题。其他的维在哪里呢？最后，他们找了出来，可以把理论中的那些附加维卷成用显微镜才能看见的小球——物理学家们称之为紧致化。这样，它们就会比原子还小，所以在日常生活中不会引人注意。听起来虚幻缥缈，但是，自从发现了量子理论和相对论，物理学家们反正已经是无所畏惧了。

问题似乎是解决了，但是，弦理论家却为此付出了高昂的代价：有数不清的方式能够卷起附加维。而每一种可能性就相当于一个单独的附属理论，具有自己的基本粒子和自然力。1986 年，以德国物理学家迪特·吕斯特（Dieter Lüst）和沃尔夫冈·莱尔夏尔（Wolfgang Lerche）为核心的一些理论家已经预感到："以前人们所称颂的弦理论的一清二楚已所剩无几。"他们在一篇专业文章中写道，用一台计算机——当时价格不菲且不多见——可以迅速构造出成百上千个附属理论，而且这些理论似乎都能够描述真实的世界。

同事们暂且不为所动。大家继续寻找准确描述我们的宇宙的万能理论，抱定了这个宇宙是唯一宇宙的信念。但是，2000 年，两名美国物理学家重新证明了，要想描述一个四维的事实——空间三维和时间一维，弦理论可以传奇式地随时提供 10 的 500 次方个变体。10^{500} 是个大数目。比较一下：搜索引擎谷歌在其服务器上存储了 10^{12} 个不同的网页；自从原始大爆炸发生以来，已经过去了 10^{17} 秒；可见的宇宙大约包含 10^{80} 个原子；而巨数（Googol）则是 10^{100}。

雷欧纳德·苏斯金德如梦初醒。他不再继续寻找那个准确解释我们的宇宙的、唯一真实的变体，转而论证，每一个变体都描述着一个不同的、真实存在着的宇宙。这位教授没有谈什么金字塔，而是设计了一幅想象中的、无边无际的宇宙风景画。风景中有山峦、谷地和高原。每个山谷中都存在着一个不同的宇宙。有的宇宙看上去和我们的宇宙很像，有的宇宙空空荡荡，许多宇宙在山谷中重新诞生一个新宇宙之前只是昙花一现。

苏斯金德的《宇宙的景观》引起了褒贬不一的反响。历史学家彼得·盖里森（Peter Galison）津津乐道于“关于这场原理讨论的透彻明了、旗帜鲜明的文章”。弦理论家沃尔夫冈·莱尔夏尔（Wolfgang Lerche）则在互联网论坛上痛斥：“本来早在1986年我们就能够并应该进行全面的讨论的。从那时候起所发生的唯一变化，就是某些人的精神状态，而我们现在所看到的是斯坦福高速运转的宣传机器。”争论证实了社会学家早就知道的事实：科学的认识过程并不是在实验室和安静的小小书房里进行的，而是在社会中间展开的。它不是受纯粹的求知欲的驱使，而是还要被舆论、权力、时代精神和虚荣心所左右。如果像苏斯金德这样的领头羊跑到了另一个方向上，后面就会一溜小跑地跟着成群结队的追随者。

许许多多的世界公式，许许多多的宇宙。即使是弦理论，也有了自己的多重宇宙。宇宙学家马克斯·铁马克说，在平行宇宙中，人们将不得不贩卖印有各不相同的世界公式的各不相同的T恤。

弦理论的多重宇宙与铁马克、林德、维兰金等宇宙学家20年来所宣传的世界观不谋而合：永恒膨胀的脚本。“现在惹人激动的是，人们认识到，弦理论具有一些和那些老想法非常契合的特征。”苏斯金德说道。

现代物理学的创造史是原始大爆炸模型：我们的宇宙在大约140亿年前产生于一个高热且密集的火球。它胀大并冷却下来。基本粒子结合成原子，原子结合成气云，气云结合成星体，星体结合成星系。有些星体的周围形成了行星，其中的一颗是地球。但这只是半个真理。

为了让原始大爆炸模型与天文学家的观测相一致，粒子物理学家阿兰·古斯在1980年有了膨胀的想法（参见第六章）。据此，宇宙在原始大爆炸发生后的第一个纳米秒内爆炸式膨胀。膨胀前，它比一粒豌豆还小，膨胀后，它比银河还大，而且这一切发生得比一眨眼的工夫还快。膨胀具体是怎么运作的，古斯当时还迷惑不解，尽管如此，他还是发表了自己的文章，“以期抛砖引玉，鼓励他人找到可以绕开膨胀脚本不受欢迎的特性的途径”。那两位俄罗斯宇宙学家，安德雷·林德和亚历山大·维兰金，找到了这条途径。他们把这个宇宙变成了一个多重宇宙。

也许为此正需要这两位职场生涯一波三折的科学家。和维兰金一样，林德在当时的苏联攻读的也是物理学专业，也渐渐对教条、独裁的体制——从共产主义到天主教教义——反感起来。1989 年，他移居国外，来到加利福尼亚。

林德和维兰金把膨胀理论扩展成永恒和混乱的膨胀的脚本。因而，宇宙变得比预想的要大得多、丰富多彩得多——它是个多重宇宙。多重宇宙中的我们的这个部分，宇宙空间的爆炸式膨胀虽然已经结束，我们的宇宙现在的扩张也缓慢了下来，但是，在远离我们的地平线的那一侧，膨胀还在持续。那里产生了像我们这样的区域。这里，我们又老话重提，那个泡沫浴的比喻："用简单形象的画面，可以说，多重宇宙是由泡泡——宇宙组成的。它们在宇宙空间中产生，然后几乎是以光的速度膨胀起来。"维兰金说道。很久以前产生的泡泡是巨大的，刚刚才产生的泡泡是渺小的。我们的宇宙是诞生于大约 140 亿年前的泡泡中的一个。泡泡之间，空间迅速扩张，所以，它们从来不会相撞，相反：它们彼此相距得越来越远。维兰金说："这是个相当泡沫横生的画面。"

下次您往浴缸里放水时，比平时多添些泡沫浴液。设想一下，几秒钟后，泡沫充溢了整个浴室，横越走廊，漫过楼梯间，涌向街道，最后全城泡沫汹涌……而您脱掉袜子，增长到我们的宇宙那么大，于是，很快就占据了多得多的位置。现在，您再设想一下，这里面的许多泡泡都是有着星体和生命的独特的宇宙，这样一来，您对永恒膨胀的多重宇宙就有了相当不错的了解了。只不过真正的多重宇宙还要大得多。

安德雷·林德说："不是我们想要拼了命地整出个夸夸其谈的理论来。当我们尝试去解决此前的原始大爆炸理论的一些问题时——它曾经有过一些问题——，我们想到了这个众多宇宙的理论。"

永恒膨胀中不是仅有一次原始大爆炸，而是很多次。每一个泡泡都是作为自己的原始大爆炸开始的，随后膨胀起来。量子物理学的一个偶然进程决定了各个宇宙中的自然法则和自然常数，其中也包括了反重力的大小。因此，多重宇宙中的宇宙并不都是相同的。有的宇宙反重力大，立刻就又爆裂了；其他的宇宙膨胀得较慢。许多泡泡中的重力太强，所以，这些宇宙中只有黑洞分布。还有空洞的泡泡，里面从来没有原子或物质产生，因为基本粒子的电荷与质量没有为此做好准备。各宇宙之间，膨胀在继续进行。因此，不是从一个宇宙到另一个宇宙的顺序：其间的空间膨胀速度比泡泡本身的膨胀速度快。宇宙们来来往往，许多宇宙在时间和空间上是同时存在的。多重宇宙作为整体是没有开端和结尾的。

多重宇宙就像以前的苏联

好讽刺啊：20 世纪，两大派别你争我斗起来。原始大爆炸理论家相信宇宙具有开端，反对派则认为是永恒的宇宙，其中的星体和星系不断产生、然后又消逝。原始大爆炸理论家赢了这场争论。然而，多重宇宙却为二者都提供了位置。它点燃了许多原始大爆炸并且永恒存在。维兰金想出了永恒膨胀的脚本之后，他坐进汽车，从塔夫茨驱车 20 分钟，来到麻省理工学院，他要把自己的想法告诉膨胀理论真正的发明者阿兰·古斯。但是，当维兰金阐释想法时，古斯却闭上了眼睛。维兰金毫不动摇，发表了自己的理论。他甚至在计算机上模拟了多重宇宙。事实上，它在二维上类似于地图。它就像他的老家，分崩离析后的苏联：瓦解成大小各异、具有相差悬殊的法律和国家形式（从无政府状态到民主政治）的地区。只是，从一个国家长驱直入另一个国家，这在多重宇宙中是被禁止的。

长期以来，仅有少数人对这两个俄罗斯人的世界观感兴趣。“大多数物理学家都觉得这想法滑稽可笑。”古斯回忆道，“或许有一小撮宇宙学家担心其理论与真实的观测情况之间存在着联系，可能还会对它感兴趣些。”然后就传来了弦理论可能有 10^{500} 个变体的消息。这个消息改变了一切。

粒子物理学家、弦理论家和宇宙学家突然认识到，他们是殊途同归。粒子物理学证明，原始大爆炸发生后如何能够产生各不相同的基本粒子和自然法则。宇宙学家发现了永恒膨胀的宇宙，其中的各个宇宙像小泡泡一样爆裂出来。弦理论家则认识到，其理论的 10^{500} 个变体可能每一个都分别描述了一个不同的宇宙。而且他们发现了越来越多的变体，其间已经达到了 $10^{100\,000}$，或许甚至是无穷多个。阿兰·古斯现在也是深信不疑。“膨胀一旦开始，”他说道，“它创造的就不仅仅是一个宇宙，而是无穷多个。”

如此一来，本来应由万能理论解决的那个问题就迎刃而解了：为什么宇宙是它现在的这个样子？回答：我们的宇宙是一个偶然，人们不必为它感到惊奇。因为在多重宇宙中，适于人类生存的宇宙的存在纯粹是统计学的结果。在 10^{500} 甚或是 $10^{100\,000}$ 个宇宙中，我们的宇宙就一定会现身其中，就如同总是会有人买彩票中头彩，只要有足够的彩民参与。如果地球上的每一个人都参与购买德国的彩票，每次摇奖就会有 1000 多个中奖者。

“我们周围的很多事物都是历史的偶然，”天文学家马丁·里斯说道，“例如：行星和小行星在太阳系中的精确位置。同样，整个宇宙的配方也可能是任意的。”里斯将多重宇宙比喻成一家大的服装店：“如果衣服的花色品种足够齐全，找到合适的服装不会令我们感到惊奇。”我们找到了我们自己的宇宙。

只是，如果还从未见到过其他世界的模样，怎么才能证明多重宇宙理论呢？有些宇宙学家采用了完全个人化的可信性尺度：马丁·里斯愿意拿他的狗作赌注押在多重宇宙的命题上，安德雷·林德甚至愿意豁出性命。而诺贝尔奖得主斯蒂芬·温伯格则宣布，他充分信任该理论，“可以把安德雷·林德的性命和马丁·里斯的狗同时拿来押宝。”

第十章
当宇宙分离

在所有的虚构情节中，都是一个人鉴于存在各种各样的可能性而选择其中之一并消除其他的可能性；而在纯粹解不开的彭崔（Ts'ui Pên）设计的迷宫作品中，他——同时——选择全部。于是，他创造各种各样的未来、各种各样的时间，这些各种各样同样又繁复丛生、分化衍生。于是，小说中就产生了矛盾。

——豪尔赫·路易斯·博尔赫斯，《小径分岔的花园》（*Der Garten der Pfade, die sich verzweigen*），1941 年

天才儿童好管闲事：1943 年，阿尔伯特·爱因斯坦收到一个美国男孩的来信。12 岁的休·艾弗雷特问这位诺贝尔奖得主，是否存在什么偶然的东西把世界集合在一起。爱因斯坦避而不谈：

似乎有一个非常固执的男孩，他为自己在奇特罕见的困难中开辟了道路，而这些困难是他自己为了同样的目的而铸造的。

致以友好的问候，阿尔伯特·爱因斯坦

偶然——年少的休谈到了一个棘手的话题。他想在物理学界的巨擘那里咨询的事情，当时在研究者中争议颇大。爱因斯坦没有看好偶然。他相信自然具有“完全的法则性”——世界的行进如同钟表机构，严格遵循力学且可以预言。他坚信：“上帝不掷色子。”但是，他进入了防御状态。丹麦原子物理学家尼尔斯·玻尔说服了很多同事相信上帝非常可能掷了色子。在原子的世界中，物理事件就是偶然发生的。玻尔关于偶然的信

条30年几乎无人质疑，直到有人撼动了它：一个非常固执的物理学家，名叫休·艾弗雷特。

是钟表机构，还是运气之赌？关于自然的本质之争始于20年代中期。世纪之初以来，物理学家们就试图在理论上驾驭物质和光的最小的组成部分——电子、质子、中子和光子的行为举止。后来，尼尔斯·玻尔、维尔纳·海森堡、埃尔温·薛定谔以及其他物理学家在集体创造力的迸发下，发现了那个影响深远的理论：量子理论或称量子力学，它影响了上个世纪其余几十年的物理学。

粒子给研究者们出了大量的谜语。在实验室中，它们行为极其诡异。有时候，它们好像同时在好几个地方。在有的试验装置中，它们像光波或声波那样传播，跑步转过拐角或者像合唱团的各个声音叠加起来。粒子实际上是波吗？不，这也不可能。因为一接通测量仪，粒子们的行为与再普通不过的粒子无异。每个粒子都待在它的位置上，没有叠加。就好像自然在愚弄它的研究者。觉察不到微观世界是个独特的波的什锦拼盘。只要放眼望去：到处都只是乖巧的粒子。研究人员和粒子的关系就好像是老师和他那个班的学生：他一转过身去面向黑板，身后就开始喧闹折腾起来；他一转回身来面向全班，所有的学生都又规规矩矩地坐在座位上。量子力学以准确无疑的精密描述了这一调皮捣蛋的场面。只是，哪个学生坐在哪个座位上，都听命于偶然的安排。

可这又是个什么样的理论呢？它的创立者们分别只为它贡献了一部分，然后大家面对集体作品目瞪口呆。它在数学上的抽象性是空前的。维尔纳·海森堡用叫做矩阵的数学的对象来表述理论，而那玩意儿他自己也得先好好琢磨琢磨。埃尔温·薛定谔使用波函数，可他也不清楚，这些波是在哪些空间传播。物理学界的泰斗们面临着一个全新的局面：他们不理解自己考虑到的理论。可是，它竟然能用。只是，怎么起的作用？

量子力学家们渐渐才明白，他们的公式是怎么回事。它允许粒子所采取的行动，在以前的任何一个理论中都是被禁止的，也是与日常经验背道而驰的：粒子可以同时存在于几个状态下，例如：位于各个地方或者具有各种速度。一个电子同时在两个地方？对量子力学的公式来说，没问题。但对我们的直觉来说，可能很成问题。没人曾经见过一辆汽车同时向两个相反的方向开去，不是吗？对于一个电子来说，这种雌雄同体——物理学家称之为叠置状态或叠加状态——是完全正常的。

量子力学的成功是史无前例的。它经受了无数次的实验检验，精确到小数点后几十位，在预言和测量之间没有丝毫的矛盾。我们技术进步的里程碑应归功于量子力学：激光、计算机、移动电话。有了量子力学，物理学家们终于可以解释他们几十年前迷惑不解的东西了：原子是如何放射性地衰变并互相发生化学反应的。他们认识到，量子效应也是以许多日常现象为基础的。各种材料的硬度和颜色、太阳能电池中对光的吸收，甚至固体的存在、水的沸腾和结冰——一切的一切都可以用量子力学来进行解释。

巨人对决

量子理论刚一提出，就爆发了一场关于其重要性的辩论。物理学家们试图形象直观地了解公式背后的事实——他们绝望了。这些量子就是“毫无希望的狗屁玩意儿”，马克斯·玻恩（Max Born）咒骂道。埃尔温·薛定谔甚至对自己“居然研究过量子理论”而感到遗憾。

最强有力的声音来自丹麦的诺贝尔奖获得者尼尔斯·玻尔。1927 年年初，他赴挪威度假几周。他滑了雪，思考了量子，然后揣着那些日后作为量子力学的“哥本哈根阐释”而声名大噪的见解返回了哥本哈根。他试图理解量子力学失败后，从中得出了一个最极端的结论：他否认那里有什么需要理解的东西。

一次，玻尔的哲学家朋友哈格尔德·霍夫丁（Harald Høffding）问他，根据理论，试验装置中一个没有受到观察的电子究竟应该待在哪个具体位置上。玻尔是个安详谦和、很有教养的人，但是这个问题却让他怒发冲冠：“应该在，应该在！”他回答道，“什么叫做应该在？”干脆就这样“应该在”，这对玻尔来说，在微观世界里是没有意义的。对他来说，存在和被观察到是不可分割的。因为粒子和原子非常敏感，所以测量不可避免地会影响到它们。“每次观察原子现象都会造成和测量仪发生不容忽视的相互作用，”1927 年 9 月，玻尔在一次报告中讲道，“也就是说，一个独立的物理事实，在一般意义上来说，既不能归结为现象，也不能归结为观察手段。”

在玻尔看来，一个没有受到观察的电子只是一个可能的电子，它不能像一块石头、一棵树或者月亮那样独立存在。只有当有人看到它，它才成为真正的电子。正如海森堡所说，然后它才“从可能变为事实”。然后，这个抽象的状态混合物就以奇特的方式凝聚为一个具体的粒子。许多量子物理学家称这一时刻为“波函数的崩溃”。究竟在哪种可能的状态下，观察者才能发现粒子，这对于一个单个的粒子来说是无法预言的，而是一个概率的问题。偶然统治着微观世界。

对哥本哈根阐释的考验是 1927 年和 1930 年在布鲁塞尔举行的索尔维大会。在这物理学界非正式的峰会上，圈中泰斗济济一堂。焦点人物就是尼尔斯·玻尔和阿尔伯特·爱因斯坦，他们天天为了量子力学进行着唇枪舌剑。爱因斯坦拒绝将物理世界的统治权交给偶然。他经常清早就步入茁实的都市饭店的早餐室，宣布已经驳倒了玻尔的量子力学。玻尔洗耳恭听，静下心来思考，晚餐时再回敬爱因斯坦针锋相对的驳论。第二天早晨，不知疲倦的爱因斯坦重新披挂上阵与玻尔对峙，“如同魔盒里面的小妖小怪，每天早上都生龙活虎地从里面跳将出来”，后来，爱因斯坦的一个朋友保罗·埃伦费斯特（Paul Ehrenfest）回忆道。

1930 年的会议期间，那是个十月里的一天，讨论发生了戏剧性的转折。爱因斯坦再一次想出了一个可以颠覆玻尔的量子理论的思想实验。他想证明，怎样可以在不干扰粒子的情况下测量它的状态。在基础大学（Fondation Universitaire）的俱乐部里，他向玻尔说明了自己的想法。那个丹麦人极度不安起来。“他一时无以应对”，埃伦费斯特回忆道，“他试图说服大家，这不可能是真的，因为如果爱因斯坦是对的，那就将意味着物理学的终结。我永远也不会忘记两名对手离开大学俱乐部时的情景。爱因斯坦仪态威严，面带些许揶揄的微笑，静静地离去；玻尔在他身旁没精打采地慢慢挪动着步子，恼羞成怒。”这次晚餐，爱因斯坦的论证劫后余生，未被驳倒。玻尔思潮澎湃，彻夜难眠。然后，还来得及赶上早餐，他找到了出路：爱因斯坦偏偏忽略了他自己的相对论的一个效应，他的论证完了……

“闭嘴计算！”

爱因斯坦输了，他的思想实验均未能够驳倒量子力学。接下来的几十年，哥本哈根阐释安身立命，成为量子力学的标准演绎版本。几乎所有的教科书都采用了它。很多物理学家都觉得很难做到放弃独立于观察者之外存在的客观事实的想法。但是，暂时还没有人提出比玻尔更好的建议。所以他们也就接受了微观世界就是有些与众不同的说法：“闭嘴计算！”是当时的格言。

然而，批评性的问题并没有因为人们的忽视而消失。为什么不该给微观世界一个独立的事实？只是因为我们无法去设想它吗？为什么构成日常世界——石头、树木和我们自身——的电子、质子和中子就该基本上俯首帖耳，听从那些与恰恰是这些日常世界里的物体所遵从的物理定律相异的法则？“我们目力所及的宇宙，拥有 10^{80} 个粒子，”马克斯·铁马克说道，“我们用单个粒子测试了量子力学，它是对的。然后用两个粒子，它还是对的。也用过 60 个粒子。现在，研究人员打算用 10^{15} 个粒子验证一下。如果成功了，那么就可以推测，量子力学亦适用于比可以观察得到的宇宙还要大的体系。”

实际上，实验物理学家在过去的几年当中已经证明了，量子物理学怪异的天性也会出现在宏观世界中。维也纳大学的安东·蔡林格（Anton Zeilinger）和位于加尔兴市的马克斯－普朗克协会量子光学研究所的科学家们让光粒子往返于拉帕尔马岛（La Palma）和特内里费岛（Teneriffa）之间，从而制造了覆盖距离为 144 公里的量子力学的叠加状态。此外，蔡林格还在实验室里成功地使 60 个原子组成的分子像波一样相互干扰。他认为，总有一天用更大的构成物，例如：用病毒，也能够办到。唯一的条件是，实验要和世界的其余部分隔离良好。

为了便于管理，玻尔在物理世界里还划了一道精神分隔线：这一侧是我们熟悉的宏观生活世界，那一边是异类的微观宇宙。可是，边界的具体位置在哪里呢？难道病毒也属于微观宇宙？和单个的原子相比，它们太巨大了。

微观宇宙和宏观宇宙中的分隔有多不自然，埃尔温·薛定谔于1935年在其著名的思想实验中进行了证明：首先设想一个放射性原子在一个关闭的箱子里，例如：一个钫原子，它的半衰期为22分钟。这段时间过后，原子就会有50%的衰变概率。可以径直去查看一下情况。依据哥本哈根阐释，查看前询问原子是否“真的”发生了衰变是没有意义的。量子理论把查看前的原子状态描述为两种可能状态——“衰变”和“还完整”的数学上的抽象叠加。只有当人们把箱子打开，向里面看，原子才表现出处于两种状态中的一种。

如果是原子，人们大概还能忍受，只有在看到它们时，它们才来到秩序井然的现实中。但是，薛定谔进一步想下去。他在放原子的箱子里又塞进去一只猫。另外附加一个卑鄙的夺命机械装置，它在原子衰变时会让一把小锤子落在一个装毒药的小瓶子上。这样一来，原子和猫的状态，即：微观世界和宏观世界的状态，就互相联系在一起了：原子一旦衰变，猫就会死亡。只要原子保持完整，猫就继续生存。过了22分钟的半衰期后，猫会怎么样呢？它是死了、活着还是半死不活？薛定谔说，那颗定时炸弹的量子力学的说明上说，“里面活猫和死猫以相同的份额混合或填补”。只有当实验者开启箱盖，猫的命运才决定下来。然后它才是毫不含糊地死了或是一清二楚地活着。薛定谔觉得十分荒谬可笑，拒绝把量子力学“当作现实的反映”来看待。

休·艾弗雷特把薛定谔的猫从悬而未决的状态中解救了出来。他证明了，人们可以怎样还将量子力学当作现实的反映来看待。为此付出的代价就是多重宇宙。

看呐，一个新宇宙

艾弗雷特是美国军队中一名陆军上校的儿子。1953年，他获得了数学专业的奖学金，来到普林斯顿大学学习。但是，刚过了几个月，他的兴趣就转向了理论物理学。他读了关于相对论的书籍，听了阿尔伯特·爱因斯坦最后的几次讲座。爱因斯坦直至1955年去世也没有和量子力学握手言和。同年，尼尔斯·玻尔带一名助手去访问普林斯顿大学。喝着雪利酒、抽着香烟之际，人们探讨起了量子力学的悖论。艾弗雷特专注地倾听着。他找到了写博士论文的题目。他打算攻克这些悖论。

艾弗雷特所做的是与玻尔反其道而行之。他没有否认久经考验的物理学理论有关事实的内容，而是让其信守事实的承诺。哥本哈根阐释通过颁布法令对量子力学的有效范围进行了限制：仅至测量仪处而不再牵涉其他！但在方程式中却丝毫没有界限的影子。于是，艾弗雷特把这些方程式也应用在了微观世界之外，应用到了测量仪上、观察者上，如此等等。他把整个世界视作一个独特的量子体系。看呀，在这里，使玻尔、爱因斯坦和薛定谔备受折磨的悖论消失了。

玻尔之后的许多物理学家曾宣称，我们之所以看不见量子力学的叠加状态，是因为一旦有人试图去测量它们，它们就会萎陷、崩解。但是，理论的方程式中也丝毫没有这种神秘的萎陷的影子。艾弗雷特废除了萎陷。在他的阐释中，我们觉察不到叠加状态，因为我们自己就属于这种状态之一。打开装有薛定谔的猫的箱子的那名物理学家本身就陷入了双重状态：他的一部分看见了死猫，另一部分看见了活猫。和猫的命运一起，整个世界一分为二。“听起来像幻想，”海德堡的物理学家迪特·泽赫（Dieter Zeh）说道，“但这正是公式所说明的。而我相信那些公式。”

随着萎陷的消失，偶然也荡然无存。在哥本哈根阐释中，微观宇宙是一个赌场。一个电子或者一只猫在其叠加状态崩溃后陷入何种状态，是不可能进行预测的。按照哥本哈根派的解读方式，量子理论只做概率方面的证词。艾弗雷特的世界中不发生萎陷崩溃。上帝不必再掷色子了。爱因斯坦在天有灵，也会满意了。

1957年3月，艾弗雷特递交了博士论文。他旋即发表了一个题为《量子力学的相对态之表达》（*Relative State Formulation of Quantum Theory*）的简本。艾弗雷特仿照爱因斯坦的相对论，选择了“相对”这个词：世界的状态也同样是相对的，正如爱因斯坦理论中的时间和运动。世界同时处在很多状态中，而它又在一而再、再而三地进行分化。每当人们观察一个处在叠加状态中的量子力学的系统，就会产生新的世界分支：每个部分状态就生出一个分支。世界是一个多重宇宙。艾弗雷特在普林斯顿的一个老师布莱斯·德维特（Bryce DeWitt），第一个如实地表述了艾弗雷特的量子力学观点："多世界诠释。"

沉睡中的多世界

多世界还是一个世界同时处于多状态——艾弗雷特对量子力学的阐释，人们可以这样理解，也可以那样理解。物理学家加来道雄是这样想象量子力学的多重宇宙的：

> 如果您在听广播，那么，您的收音机就调到了某个频率上，比如说英国广播公司，而不是莫斯科广播电台。但是，其他的所有频率也在您的客厅里纵横驰骋，您只是听不见它们而已。在量子力学中，我们也是波。我们被调到了某个频率上，那是我们的世界，但是，其他的频率也存在着：恐龙的频率、外星人的频率、一个在此期间已经分崩离析的地球的频率——其他众世界的频率。

艾弗雷特的论文于1957年7月发表在专业杂志《现代物理评论》（*Reviews of Modern Physics*）上。艾弗雷特渴望地期待着同行们的反应。可什么反应也没有等来。同行们对他的论文视而不见。后来，德裔以色列物理学家马克斯·雅默（Max Jammer）称该论文为"本世纪保守最严的秘密之一"。

1959年春，艾弗雷特前往哥本哈根去拜访尼尔斯·玻尔。可以想见，此番见面不会是轻松的闲聊。一边是75岁高龄的量子理论的巨匠，另一边是在所有的照片上都总是穿着西装、打着领带的落落寡合的艾弗雷特。玻尔拒绝探讨"暴发户理论"。失望的艾弗雷特永远地离开了基础研究，转而进入军火工业。还在哥本哈根下榻的饭店里，他就有了一个想法，做一宗日后会为他带来滚滚财源的生意。看似与世隔绝的艾弗雷特成了精明能干的企业家。

多世界诠释成了夸夸其谈者和获得秘传者的事情。1970 年，当一位名叫唐纳德·莱斯勒（Donald Reisler）的年轻的物理学家来他们企业参加面试时，艾弗雷特问他是否读过自己的文章。“天哪!”，莱斯勒脱口而出，“这个艾弗雷特就是您啊，那个写了这篇难以置信的文章的狂人。我上大学时就拜读过，大笑过后就扔在了一边，然后接着写我的论文。”艾弗雷特录用了他，他们成了朋友。

多世界诠释就在这种异类状态中浑浑噩噩地度过了 40 个春秋。一晃到了 90 年代，宇宙学家们想出了自己的多重宇宙。两种完全不同的理论，却是相同的思想。宇宙学家们观察最大号的世界，量子物理学家们观察最小号的世界。两者均抵达一个多重宇宙 —— 多么令人称奇的一致啊。

宇宙学家的多重宇宙不可能和艾弗雷特的众多世界相吻合，因为一个存在于我们所生活的物理空间；另一个则在世界所有可能状态的抽象空间中分化衍生。宇宙学的多重宇宙仅是量子力学的众多世界中的一个。尽管如此，两种方案都很看重对方：如果存在着不止一个世界，那就可能马上还会有更多。

悬而未决的问题还多得很。譬如说，多世界诠释的支持者们也在争论，他们的理论是否作了可以在实验室里得到验证的新的预言，或者，他们的理论是否只是对人们可以相信、也可以不相信的旧有理论的一种新的诠释。不过，多世界诠释更受欢迎了。1997 年，马克斯·铁马克在量子力学工作坊的参加者中间做了一次问卷调查，13 名物理学家赞同哥本哈根阐释，8 名物理学家支持多世界诠释，还有 9 名主张其他的各种诠释。至少在这批人当中，尼尔斯·玻尔失去了绝对多数。“值得一提的是，哥本哈根阐释霸主地位无可匹敌的旧时代已经废除了，”铁马克说道，“闭嘴计算!”的寿数屈指可数。如果不愿意接受多重宇宙，就必须抵制量子力学。或许第一眼看上去，并不觉得世界分裂成所有可能的走势的这一设想会在我们的思想中扎根如此之深。

博尔赫斯在短篇小说《小径分岔的花园》中把时间描写成一本书，在这本书中，一切可能性都会成为现实：第一次世界大战中的一名德国间谍写了一部长篇小说，情节总是没完没了地岔路横生……每个可能发生的情节都真的发生了——于是，产生了一个没有尽头的迷宫，每一位读者都注定要迷失其中。博尔赫斯用其中一个人物的声音把他的时间概念描述成牛顿的永恒均匀飞逝的时间的一种替代。他称他的短篇小说是“一个侦探故事”。它还是一个预言。博尔赫斯恐怕为量子力学的多重宇宙作了最美的描述，这比物理学家们想到它提前了很久。他比艾弗雷特提早了16年。

第十一章

在物理学和秘传之间

多重宇宙是一个危险的想法。

——大卫·格罗斯（David Gross），诺贝尔物理学奖得主，2008 年

罗伯特·拉夫林（Robert Laughlin）有个傲慢的叔叔，他是个办理专利问题的律师。全家在约塞米蒂国家公园度假时，这位叔叔和他的妻子住在那个地区最豪华的饭店里，每天早晨都会在自助早餐厅里大快朵颐，教导他的侄子关于世界的知识。去国家公园漫步？谢谢，还是免了吧。他了解瀑布的物理学作用原理。何必去叹赏那些个原型？

小罗伯特忍受了一切，在大学攻读了物理学，后来成为斯坦福大学的固体物理学教授。1998 年，他荣获了诺贝尔奖。2005 年，他撰写了《一个不同的宇宙》（*A Different Universe*）一书（德译本：《告别世界公式》[*Abschied von der Weltformel*]）。书中，他把弦理论家和宇宙学家比作他的叔叔——丧失理智、脱离实际、愚昧无知，而把多重宇宙理论比作国教。对拉夫林来说，肯定的是："我们对宇宙的掌握，在很大程度上是唬人的虚张声势——信口开河，空洞无物。"宇宙学家们浮想联翩，胡诌八扯优雅的宇宙。其实，他们像拉夫林的叔叔害怕瀑布一样害怕现实。

物理学界中爆发了一场内战，拉夫林的书就是宣战书。是众多宣战书之一。固体物理学家们与弦理论家们开战，宇宙学家们同天文学家们交火，博主对阵诺贝尔奖得主，众大学抵抗众宇宙。敌对双方公然相互冒犯，他们污蔑诽谤、造谣中伤。武器就是书籍、博客和采访。

物理学家之间发生小冲突早已有之。但是，使这一切升级的导火索

竟是——多重宇宙的理论认为，在我们的宇宙之外还有许多其他的宇宙。这还是严肃的研究吗？抑或已是秘传？这一问题即将迫使物理学界分裂。

这关乎科学的理想，关乎物理学和天文学的传统，关乎大学的声誉、科研资金的分配、教授的聘用。这关乎，物理学究竟描述的是哪一个事实，它描述的究竟还是不是一个事实。简而言之，它涉及的问题是，物理学家们的脑子是否还正常。

吸毒的物理学家

目前看来，似乎还不可能通过观测来证实众多世界的存在。尽管如此，多重宇宙还是受到了经验丰富的教授们的捍卫，这让批评者们额头冒汗。伽利略曾经通过观察天空开创了现代物理学。从此，每一个理论都必须经受住经验的考量。哲学家卡尔·波普尔（Karl Popper）要求理论具有的特性就是，人们可以通过实验或观察来进行反驳。他称该标准为可证伪性（Falsifizierbarkeit）。今天，有许多物理学家都是波普尔派。

“科学在过去的400年中取得的进步都是基于一些伦理学的基本规则，可证伪性是其中之一。”物理学家李·斯莫林奉劝道。他认为务必要坚持波普尔的原则上可反驳性的规定。斯莫林也以书的形式发表了宣战书：《物理学的困扰》。这是对弦理论的清算，斯莫林认为大家对弦理论的评价过高（一位德国弦理论家立即反唇相讥道，斯莫林无法准确无误地把数学方程式写到黑板上）。斯莫林的同事卡洛·罗威利（Carlo Rovelli）警告说：“理论物理正在成为头脑杂耍。它研究的对象只剩下了自己，失去了和事实的联系。”诺贝尔物理学奖得主大卫·格罗斯认为多重宇宙是一个“危险的想法”，会把学生们从物理学的身边吓跑。美国天文学家吕文俊甚至呼吁取消宇宙学家的科研资金。

怨气冲天——部分是可以理解的。时下的学术讨论有时候就如同在使人具有精神快感的兴奋剂的影响下的自由联盟。劳伦斯·克洛斯在一篇专业文章里自问，对宇宙空间所进行的天文观测是否可能缩短了我们的宇宙的寿命。如果像用量子物理学描述一个单个的原子那样来描述整个宇宙，这就是可能的。可是又没有人知道，量子物理学应该如何描述整个宇宙。在报刊杂志纷纷登出轰动性报道以及遭到同行责难之后，克洛斯又收回了文章中颇有争议的说法。

其他的研究人员推测，夜空上星星稀少的区域或许预示着邻居宇宙的存在，该宇宙在原始大爆炸发生后不久曾和我们的宇宙有过联系。弱智，同僚们不假思索地评论道。雷欧纳德·苏斯金德发表了一篇关于时间之旅的文章，可是当他发现了一些错误之后，就立刻自己在网上发了一个相反的阐述："笔者当时不清楚自己在说些什么"，他知过悔罪地写道。在后现代时期，所有科学中最古老的科学就是这么运作的。任何事情都会发生。

这种状况使慕尼黑的X射线天文学家君特·哈辛格尔（Gunther Hasinger）想起了彩票中奖号码的抽取。"关于多重宇宙的想法五花八门、范围巨大。其中的一个是正确的概率是随意的小。"多重宇宙的理论显得空想性太高，无法验证并且完全无法理解。所以，它就该被扔进失败理论的垃圾堆里去吗？为了推动物理学向前发展，或许不得不如此。

哲学家的和平使命

战场附近站着哲学家、社会学家和历史学家。他们如同肩负和平使命的联合国的战士，可以观察，但不可以射击（除非是为了自我防卫）。马丁·卡利尔就是他们中的一个。他写了一部关于尼古拉·哥白尼的传记，花费了他作为哲学家的生涯的一半时间来思考，为什么有些物理学理论克服阻力立足于世，而有些却做不到。德国研究协会为此授予他莱布尼茨奖。卡利尔坚信只有一个唯一的宇宙，多重宇宙的理论虽然有着种种奇谈怪论，但他也还是认为是值得探讨的。

"过去总是不断出现一些理论，起初看似无法验证——可是后来呢，不知什么时候就取得了经验性的巨大成果。"他说道。譬如说，广义相对论。"其基本思想，即：万有引力的几何化，我们是无法直接验证的。但我们测量它的结果，所以也相信基本原则。我们甚至相信自己能够说出，如果一名宇航员坠入黑洞会发生什么——即使我们在经验上永远也不可能验证这一点。”

还有就是对原子的设想：从古希腊人开始就有了这种想法，但是到了1955年才得以直接描摹出单个原子的样子。以前胆大包天的想法，如今成了普通教育的内容——原子假说的历史就是活教材。1900年前后，研究人员还在激烈地争吵最小的粒子是否存在。当时讨论的中心是微观世界，但争论的问题和今天就多重宇宙所探讨的基本问题如出一辙：我们或许永远也不能观察到的东西（原子、平行世界）有多真实？如果我们不能够直接看到它们，我们是否应该相信间接的提示？如果连间接的提示都没有，是否仍然允许科学家们谈论它们？物理学止步于何处、玄学/形而上学起步于何处？

当公元1世纪亚里士多德著作的第一版出版时，他的作品之后的普通哲学的册子都划归了物理学（Physik）。从此以后，凡是有关真实的基础的，即：所有存在的基础，都属于形而上学/玄学（Metaphysik，meta为古希腊语，意为：超然、之后）。康德在《纯粹理性批判》中试图让物理学和形而上学、经验知识和理性认识相互和解。他认为还应增加一个分工：物理学家搞物理学，哲学家搞形而上学，双方互不干涉。当李·斯莫林告诫多重宇宙预言者雷欧纳德·苏斯金德要遵从哲学家卡尔·波普尔的时候，苏斯金德牢骚满腹："好的科学实践不遵从几个哲学家为我们规定的任何抽象的规则。自然科学是拉着哲学之车的马。别给我们把车套到马前面去。”

不过，在喧嚣的时代，物理学家们就可以完全陷入到沉思中去。“每当物理学变得有趣，而对物理学家来说又变得太难的时候，进行哲学思辨的物理学家就会浮现出来。”哲学家艾哈特·沙伊贝（Erhard Scheibe）在《物理学家的哲学》（*Die Philosophie der Physiker*）一书中写道。令专职哲学家遗憾的是，他们大多数情况下都是在攒着自己的哲学。尼尔斯·玻尔在参与建设量子物理学的时候，他对世界糊涂混乱的阐释就让专业哲学家们惶惶不安。沃尔夫冈·泡利，也是位量子理论家，和“以某种‘主义’为名的哲学流派”保持距离。阿尔伯特·爱因斯坦推荐了一种三个哲学流派未必融洽构成的混合物：唯心主义、实证主义和唯实论。

即使是在围绕多重宇宙进行的讨论中，来自这三大思想领域的想法至今也会相互撞车。这就难怪，讨论中会引发感情冲动，就好像自由民主党、左翼党和基督教民主联盟打算联手创建一个共同的党派一样。

哲学家弗里德里希·谢林（Friedrich Wilhelm Joseph Ritter von Schelling）于1800年前后终于持久地破坏了物理学家和哲学家的关系。他认为，最好能够通过思考来探究真实，并把形而上学置于物理学之上。真正的自然研究者事不必躬亲，他坐在壁炉前的翼状靠背椅上，高高地跷起脚，聆听自己内心的声音，在这一点上，贵族老爷谢林和罗伯特·拉夫林的叔叔相似。谢林和黑格尔共同出版了一份《思辨物理学杂志》（*Zeitschrift für spekulative Physik*），他们的纲领是：通过灵感认知。哲学家说，那是唯心主义。

自然科学家们对此反应过度敏感。19世纪的时候，“形而上学”对他们来说就成了骂人的秽语，与空想、可疑和不科学同义。“您只消环顾一下今天的哲学家们，谢林、黑格尔之流”，数学家卡尔·弗里德里希·高斯1844年在给朋友的一封信中写道，他抱怨他们“概念杂乱含混”——“您看了那些定义，不觉得很震惊吗?”维也纳的物理学家路德维希·玻耳兹曼公开对黑格尔著作中“含糊不清、思想空虚的长篇大论”表示惊讶并寄希望于“人类从被称为形而上学的精神上的偏头痛中解放出来”的时刻的到来。

实证主义者自告奋勇地担当起形而上学和唯心主义的救世主。这是一群哲学家和物理学家，总部设在维也纳，他们在1900年前后采取了走向唯心主义的截然相反的极端道路。他们的信条为：世界是我们的感官可以体验到的东西。原子和平行宇宙在这一世界观中没有一席之地。只有看得见的东西才可以去谈论。科学应该单凭感官感觉为依据而不做任何有关世界的、没必要的、形而上学的假说。恩斯特·马赫（Ernst Mach），路德维希·玻耳兹曼在维也纳大学较为年长的同事，是实证主义最狂热的代表人物。在关于原子是否存在的争论中，他总是问对方：“你瞧见过一个吗?”

马赫教授蓄着大胡子，戴着镍边眼镜，经常在射击场做实验，研究射弹和飞机的声波。他也发表了大量关于认识论和感官心理学的论文，参与了支持社会民主党的竞选活动，和玻耳兹曼在维也纳学院（Wiener Akademie）讨论原子的真实性。对马赫来说，重要的仅仅是直接的现象，也就是说，诸如一种气体的压力或者一种液体的温度等测量数据。关于世界的理论应该是经济的，不应该假设什么不必要的假说。微观世界如此，宏观世界亦是如此，原子是这样，宇宙也是这样。“对宇宙来说，不存在时间”，马赫写道，当时物理学家们推测宇宙可能会有终结。假说“不是科学性的问题”，因为人们只能把时间当作宇宙各部分之间的相互关系加以诠释，而不是用于作为整体的宇宙。

实证主义是矢志不渝的，但因为它的思想禁令而并不怎么受欢迎。玻耳兹曼不为马赫所动。他更喜欢走唯心主义和实证主义之间的第三条道路：科学的唯实论，直到今天，它都是许多科学家最喜爱的哲学。科学的唯实论者坚信，科学描述的是不依赖于知觉的事实。对玻耳兹曼来说，原子和桌子、椅子一样真实。物理学越来越接近真相，其理论体现的是真实。不知什么时候，物理学理论将会完全揭示自然的真实本性。

在同事约瑟夫·劳施密特（Josef Loschmidt）辞世之际，玻耳兹曼作了一次纪念性的讲话，讲话透着唯实论的冷酷无情。他说，劳施密特的躯体现在已裂变为原子，但是幸亏有了劳施密特，人们至少现在知道变成了多少个原子。他事先已让人把数字写在了黑板上：10^{25}，10 个 10^{24}。“这个数字自然只是个整数，”玻耳兹曼客观冷静地补充道，“最小的一根茸毛就会添加几万亿个原子。”

1906 年 9 月 6 日，正值暑假期间，路德维希·玻耳兹曼在宾馆房间里的窗棂十字梃架上自缢而亡，享年 62 岁。后来据说，他是因为受不了自己的原子假说得不到承认。不过，除此之外，玻耳兹曼的生活也够艰难困苦的了：11 岁的儿子死后，他得了躁狂忧郁症，备受哮喘、头痛和高度近视的折磨。

正是伟大的阿尔伯特·爱因斯坦才使原子论得以突破。玻耳兹曼自尽的前一年，他发展了布朗运动的理论，该理论被视为证明原子存在的间接证据。苏格兰植物学家罗伯特·布朗（Robert Brown）在液体中观察到花粉在做随机运动。根据该理论，用显微镜才能看得见的花粉的随机运动是由于和微小粒子相撞而引起的——这正是原子或分子。

1916 年，恩斯特·马赫在慕尼黑附近去世时，还没有一位物理学家“瞧见”过一个原子，但是大家都相信它的存在。爱因斯坦后来讲道，1910 年在他和马赫的唯一一次个人会面时，还是得以迫使马赫承认，原子的假设在某些情况下可能是有意义的。

那爱因斯坦本人呢？他是实证主义者、唯实论者还是唯心主义者？他是所有这些的杂牌大混合。

物理学家，爱因斯坦说道：“只要他尝试去描述一个不依赖于感知活动的世界，他就是个唯实论者；只要他把概念和理论视为人类精神的自由发明（而非可以从经验事实逻辑推导出来的东西），他就是个唯心主义者；只有当他的概念和理论提供了对感官经历间的关系的逻辑性描述，他才将其视为有理有据的，他就是个实证主义者。”爱因斯坦为这种哲学大杂烩还起了个名字：肆无忌惮的机会主义。

1955 年成功地找到了一个原子的直接证明。物理学家埃尔温·米勒（Erwin Müller）在柏林的弗里茨·哈伯研究所（Fritz-Haber-Institut）发明了场离子显微镜。利用它可以放大几百万倍来观察金属的表面。几年来，他不断改进分辨率。天道酬勤。1955 年 8 月里闷热的一天，当他接通显微镜，他突然能够辨认出单个的原子。终于有人第一次瞧见了一个原子。

原子假说的证实是科学的唯实论取得成功的一个范例。但是，现代物理学并没怎么让唯实论的日子好过起来。多重宇宙是它所面临的最大挑战。

从粒子到多重宇宙

设想一下，您让五层楼上的一架钢琴坠落到地面上的另一架钢琴上，然后必须在乒乒乓乓乱作一团的杂音中推断出升 F 大调第一音的存在。粒子物理学的运作原理大致就是如此。

粒子加速器让原子核互相急速冲撞并在残骸中寻找新的粒子。粒子物理学的标准模型包含世界的 18 种组成部分，其中也包括最小的粒子——电子、中微子和夸克。世界的所有普通的物质和能量都是由这些组成部分组成的：电子和原子核构成的原子，质子和中子构成的原子核，分别由 3 个夸克构成的质子和中子。不可能比夸克或电子还小。基本组成部分中有 17 个被视为“已发现”，标准模型的第 18 个，也就是最后一个粒子，应由世界最大的粒子加速器——位于日内瓦的大型强子对撞机（LHC）负责寻踪觅迹，那台机器由于据说可以骇人地制造出迷你黑洞而引起世界范围的轰动。

当物理学家在新闻发布会上宣布（譬如上次，在 1995 年），他们发现了 6 个夸克中最重的那个顶夸克，这意味着什么呢？这意味着如下内容：亲爱的公众，我们花了好几年时间守在一台几公里长的粒子加速器旁，让原子核相互急速冲撞，然后用房屋那么高的检测器测量了撞碎的残破粒子。我们虽然没有直接逮到顶夸克，但是却证明了诸如电子和介子（Myon）等其他的基本粒子，它们可能就是由于顶夸克被撞碎而产生的。我们无法给您展示顶夸克的照片，但是您得相信我们，它确实存在过片刻工夫，因为我们的理论预言，顶夸克会留下哪些踪迹，而我们信任我们的理论，因为利用它我们经常是正确的。顶夸克真的存在吗？它会像月亮一样真实吗？抑或仅仅是个有用的假定？它存在着，唯实论者说道。可是，在他们撰写关于发现的新闻报道前，许多假设都转而进入对数据的诠释，比如关于粒子加速器的工作方式，当然也关于理论的有效性。物理学家们需要——形而上学。

一切不再像伽利略时代那么简单。那时，木星的卫星的反射光线径直通过望远镜进入到伽利略的眼眸中来。另一方面，通过望远镜观察自然或者通过粒子加速器观察自然，有什么区别吗？即使是望远镜也可能会歪曲事实。当天文学家弗朗切斯科·思思（Francesco Sisi）获悉伽利略的发现时，他像一名实证主义者那样论证道：“卫星用肉眼是看不见的，所以不可能对地球产生影响，因此，它们是没用的，也就是不存在的。”天文学家朱利奥·利布里（Giulio Libri）甚至根据原则拒绝通过望远镜进行观察。利布里去世后，伽利略嘲讽道，现在利布里终于可以见到木星的卫星了——在升天的路上。

多重宇宙究竟有多实在？和月亮一样真实吗？和原子一样真实吗？和顶夸克一样不言而喻吗？

爱因斯坦用原子假说解释了布朗运动之后，显微镜能够做到精确得足以实实在在地描摹出原子的样子，那只是个时间问题。对此，罗伯特·布朗在 19 世纪连做梦都不敢想。但是，实验物理学的进步超过了最胆大妄为的幻象。人们习惯了，更好的仪器会带来越来越多的认识。粒子物理学家的认识机会主义长期以来也是把基础建立在希望下一台机器再长上几公里，然后发现下一个粒子。真相是昂贵的。

多重宇宙却不同。证明平行宇宙的证据不是对技术的挑战。就是用上所有时代中最好的望远镜，也不可能看到我们的邻居世界。一束光线永远无法从一个世界抵达下一个世界。

因此，多重宇宙理论家们寄希望于推断间接证据的过程。他们的论据为：虽然我们永远不能直接观察到平行宇宙，也不能通过间接的提示发现它们，但是，如果多重宇宙理论在我们自己的宇宙中和观测结果十分吻合并且另外又预言了其他的宇宙，我们为什么不应该重视起这些关于其他世界的说法呢？“不应该低估间接证据，”安德雷·林德说道，“我们的法制体系就是这样运作的。如果有人谋杀了另一个人，就得让 12 名陪审法官裁决，谋杀假设是否是那个唯一的解释。”如果多重宇宙理论至少解释了我们的宇宙，恐怕就得相信它。

多重宇宙理论拥有一个巨大的形而上学的上层建筑，但这还不至于使之成为秘传。“过去人们要求严格区分科学和形而上学，如今，人们不再这么做了。”哲学家马丁·卡利尔说道。还有其他的标准用来区分好的和不好的科学。譬如，当一个新的理论解释了以前不为人理解的实验或者预言了新奇的现象，人们就会信任它。尽管如此，也还存在着大量问题：引发了最近的多重宇宙之战的弦理论，根本就还不适合我们自己的世界，它没有得出针对我们的宇宙的可以验证的结论。也就是说，还根本没有谋杀。手头备好一个多世界诠释的量子理论虽然也可以出色地描述原子世界，但还没有在描述整个宇宙方面取得成功。“在迄今为止的数据的基础上，陪审法官会要求判为无罪。”天文学家吕文俊如是说。

哲学家警察表示同意。“理论物理学和实验物理学目前相去甚远，”多特蒙德的科学哲学家及前物理学家布里吉特·法尔肯伯格（Brigitte

Falkenburg）说道，“这是科学界的一个新情况，或许也是危机的征兆。多重宇宙的草案位居科学的边界线上。它还可以用数学来表达，但它业已突显在科幻小说领域。”迄今为止，人们所从事的自然科学无疑已不再是多重宇宙的草案了。但这也许就是产生危机的深层原因——传统自然科学在把世界作为整体进行理解时已经力不从心。只是：什么样的科学将取而代之？

多重宇宙的拥趸有个计划乙：所谓的人择原理，这是个争议颇大的研究项目。人择原理是尝试把多重宇宙理论变成一个作可验证性预言的理论，这正是物理学家们习以为常的理论特性。有些科学家将人择原理视为物理学的终结，另一些人则认为它是一个新的开端。

具有人情味的宇宙

1973 年，人择原理由澳大利亚物理学家布兰登·卡特（Brandon Carter）提出。卡特参加了在克拉科夫举行的纪念尼古拉·哥白尼诞辰 500 周年的大会。他在报告中探讨了自启蒙运动以来让自然科学家们伤透脑筋的重大问题之一：为什么宇宙的特性就是它现在的这个样子？为什么自然法则和自然常数恰恰可以使星星、行星以及最终还有生命得以产生？如果某些自然常数，譬如：万有引力常数或者宇宙的膨胀速度仅仅偏离其数值的千分之几至百分之几，那么，原始大爆炸发生后就永远不可能形成原子，更不用说形成星星和行星了。看上去，仿佛这个宇宙是为我们的生存而调整好的。宇宙的微调。而在几百年前，这也是解开我们的生存之谜的最容易想得到的答案：上帝就是这么安排的。对自然科学家来说，这个选项不令人满意。

卡特在克拉科夫提出了另一种解释：不言而喻，宇宙看上去像是为我们创造的。它必须如此，因为否则的话，我们就根本不可能存在，然后又惊诧于我们的存在。

如果暗能量的力量比在我们宇宙中的大，那么，宇宙空间就会过快膨胀，原始大爆炸发生以后就不会有气云、进而结合成星系和星体。也就没有星星，没有行星，没有生命。而每一个创造了智能生命的宇宙，就必然会让观察者感觉好似量身定做的一般。卡特称之为“人择”原理（anthropische Prinzip，源自希腊语 anthropos，意为：人），因为宇宙的特性和一个有意识的观察者联系在了一起。

自从卡特作了这个报告后，物理学家和哲学家们就争吵起来，人择原理是陈词滥调、宗教的替代品抑或是个富有价值的研究原理（详情参见第十四章），大家争执不下。在物理学家和哲学家们讨论了越来越多的人择原理的改写版之后，一个戏谑者又补充了完全荒谬人择原理，简称“废话”。他切中了大众的看法。许多科学家都觉得人择原理人情味太浓。

宇宙学家安德雷·林德回忆说，这个“A 打头的词”曾长期是个忌讳。“在 80 年代和 90 年代，我们是绝对少数。”林德说道。他曾打算在芝加哥的粒子物理学家面前作一个关于人择原理的报告，组织者们就警告他说：“对这类人，我们会向他们投掷鸡蛋的。”而今天，林德每次作完报告后，听众都报以掌声。弦理论大概描述了 10^{500} 个以上的不同的宇宙，这一认识为人择原理赢得了新的“粉丝”群体，但同时也招来了新的批评家。

自 2000 年以来，在物理学家的网上图书馆 arxiv. org 上发表了 200 多篇涉及人择原理的文章。多重宇宙的拥趸希望，或许人择原理可以帮助大家在浩如烟海的茫茫宇宙中找到那些可能存在生命的宇宙。然后，或许就有可能像批评家要求的那样，从多重宇宙的理论中推导出对我们的宇宙的具体的预言，例如：宇宙精确的膨胀速度或者宇宙的组成成分。

挑战在于，在弦理论 10^{500} 个解决方案中找到恰好是描述我们的宇宙的那个。这还只是个开始。接着，至少用这个世界公式可以计算我们的宇宙并和现实加以比较。问题是：即使这个世界所有的物理学家每 10 秒钟就可以从一个世界公式中计算出一个宇宙，从原始大爆炸到今天的这段时间也不够用来试遍所有的 10^{500} 个解决方案并找到适合我们的宇宙的那个解决方案。在此，人择原理参与了进来：安德雷·林德、亚历山大·维兰金、雷欧纳德·苏斯金德等科学家希望借助于这一原理来限制寻找范围。想法是：计算出宇宙究竟用哪些自然常数和自然法则可以产生出原子、星星、行星以及最终的生命。然后在弦理论的 10^{500} 个解决方案中寻找

"可接受人的"子群世界（苏斯金德语），在这些世界中，自然法则和自然常数可以使生命成为可能。人们希望，不必再去一一试尽每一个世界公式，而是能够有什么办法将同类的世界完全筛选出来或排除出去。因此，人择原理是协助人们在统计上驾驭为数众多的可能性世界的助手。

"人择原理是把大多数作为我们的宇宙的候选者的解决方案排除出去的有效工具。"苏斯金德说。但是，他也警告大家不要期望过高。"它不会帮助我们预言，我们生活在'适于生命的众宇宙中的'哪一个。"苏斯金德的同事安德雷·林德表示赞同："人择原理不是万能武器，但却是件全面的工具。你可以爱它或者恨它，不过我打赌，总有一天人人都会使用它。"史蒂芬·霍金也支持人择原理："人们需要它，以便从弦理论的可能性解决方案的整座动物园中，小鸟啄食般地遴选出那个勾勒我们的宇宙的解决方案。"他宣称。苏斯金德欣喜满怀：霍金和他终于观点一致了一回。

很快就出现了批评。人择原理"只能是最后的解救办法"，膨胀理论的发明者阿兰·古斯警告说，"单独从逻辑演绎法中去理解宇宙的梦想将会随之破灭。"劳伦斯·克洛斯预言："人择原理是物理学家们只要找不到万能理论就会同它周旋到底的东西。一旦出现了这样一种理论，他们就会像扔掉一个烫手的山芋一样丢弃它。"人择原理让弦理论家加布里埃莱·韦内齐亚诺（Gabriele Veneziano）想到醉酒者夜间在路灯下寻找在别处遗失的钥匙，因为那里比别处亮堂。诺贝尔奖得主大卫·格罗斯根本不想参与讨论："我憎恨这个理论，"提及人择原理的论证时他说道，"弦理论家们，我也一样，对我们过了这么多年以后仍无法预言出个子丑寅卯来的无能感到十分沮丧。但这不是在为这种稀奇古怪的科学找借口，这是个危险的营生。"

隐蔽。再开火。

多特蒙德大学的哲学研究者莱纳·黑德里希长期观察了多重宇宙之战。各大学图书馆的书架上都摆放着他那长达400页的研究报告《从物理学到形而上学》（*Von der Physik zur Metaphysik*）。凡是给这位哲学家打电话的人，就会听到背景处传来的古典音乐。黑德里希说："多重宇宙的理论在逻辑上是合乎情理的，但其合理程度还不足以使其成为科学。"

这个研究项目使他想起了古希腊的前苏格拉底学派的研究纲要：这是“对自然进行的形而上学的思考”，而弦理论是“受数学启发的自然形而上学”。古希腊人尝试不追溯神祇之源来阐释宇宙之后又过了 2500 年，科学似乎又回到了起点。

黑德里希将其视为原则性问题的先兆：“也许人们并不就仅仅是在本身正确的道路上选择了错误的岔路，而是物理学的统一大计所预先设定的道路也许就是错误的。也许自然并不是统一体——就连在它最基础的层次上都不是。但也许自然的最基础的层次的这个想法就已经是不恰当的。”

也许吧。但也许也不是。以后会如何发展，哲学家们肯定也不知道。无论发生什么——不要放弃。黑德里希劝告道，“只要没有人有更好的想法，就必须这样努力尝试下去。”

第十二章
进阶者的多重宇宙

我想告诉你，你为什么会来到这里。你来到这里，是因为你知道某个事情。某个你无法解释的事情。但是你感觉得到它。你一辈子都感觉得到，世界有些不对劲。你不知道是什么不对劲，但它就是存在。就像脑袋里扎了块碎片，让你抓狂。这种感觉引领你来到我这里。

——电影《黑客帝国3》“矩阵革命”（Matrix）
中莫菲斯对尼奥说的话，1999 年

多重宇宙是懒于思索的物理学家的天堂。物理学的巨大谜团——为什么世界是这个样子，而不是别的样子——在里面烟消云散：世界是这个样子的，也是别的样子的，只要是以想得到的方式。我们看到我们在多重宇宙中的小生境就是它现在的这个样子，因为它必须如此，我们才能得以在它里面生活并看到它。如果它是另一副样子，我们就不会待在这里提问了。只是人择原理而已。

这似乎是桩不错的买卖：虽然世界变多了，但是世界观却变简单了。众多的宇宙填充了以前看上去像是理论解释的空白之处。量子物理学的多世界诠释说，量子理论所允许的一切都是真实的。而在宇宙学的多重宇宙中，弦理论预先制定了规则。

但这已经就是谜底了吗——或者只是谜面发生了转移？究竟是谁说的，量子理论或者弦理论提供了正确的框架条件？关于世界特性的老谜语只是稍稍变大了一些：为什么多重宇宙是这个样子，而不是别的样子？

极端的解决方案是宣布问题没有意义：多重宇宙没有任何理论框架——就像宇宙空间没有边际一样。量子理论也好，弦理论也好，永恒膨胀也好，都不是平行宇宙的条条框框，而仅仅是逻辑而已。符合逻辑的一切都是存在的。

可以持怀疑的态度来看待这个回答，因为即使世界丰富多彩，人们也可能夸大其词。但其实这是个自然的想法。倘若所有可能的世界反正也都确实存在，哪些世界存在、哪些世界不存在的问题就解决了。弦理论和量子理论可能适合我们在多重宇宙中所处的这个角落，可谁知道呢，在其他地区可能适用完全不同的基础理论。倘若针对每一个数学公式都存在着一个世界，没人需要再去寻找一切理论之母。既然不需要找了，那就彻底不用找了。如果这样的话，科学究竟还有没有意义？

极端的瑞典人

即使是在多重宇宙的粉丝中，也有少数几个人敢于迈出这最后的一步。瑞典裔美国宇宙学家马克斯·铁马克就是他们中的一位。他相信“数学民主”的想法：数学方程式所描述的每一个宇宙都是存在的。“数学存在和物理存在是一回事。”铁马克说道。任何事情都会发生。这是四级，我们的多重宇宙电脑游戏的最高难度级别。

如果说通常的各个多重宇宙理论是胆大妄为的，那么，数学的多重宇宙就是玩火自焚的空想。“假如时间不是连续稳定地流逝，而是不连贯地跳跃前行，怎么办？”铁马克问道，“再或者，如果宇宙干脆就是个空空荡荡的正十二面体，怎么办？”

铁马克知道，他自己的这种思想游戏离开保守的宇宙学有多远的距离。天马行空地胡思乱想是他一贯的作风。他上中小学时有个朋友，做事情基本上都会别出心裁、与众不同。如果大家都使用矩形的信封，他就自己制作一个三角形的。“我那时很想像他那样。”铁马克说道。但做到这点根本就没那么简单。上大学时，他相当困惑，找不到方向。他先是在瑞典学习经济学，后来得到了美国物理天才及演艺人员理查德·费曼的一些书。“内容讲的是怎么能把锁打开以及怎么俘获芳心，”铁马克说道，“字里行间所传达的信息是‘我爱物理学’。”他找到了自己的专业。

只是，要做到与众不同，可不是一蹴而就的。铁马克写了一篇关于数学的多重宇宙的专业文章，但却担心招惹不满，所以一直秘而不宣，直到他获得了普林斯顿大学攻读博士后的位置，他才把手稿寄给各个编辑部。三家杂志都拒绝发表。最后他找到《物理学年报》（*Annals of Physics*）试试看。这次，编辑部征询鉴定专家的意见，鉴定专家总算发了话，表示可以发表，但是出版者还是不想刊印。“这东西对他们来说太冒险。”铁马克讲道。接着约翰·惠勒（John Wheeler）出面干涉，他是铁马克在普林斯顿的老师，也是物理学界德高望重的人物。50 年代，惠勒就曾帮助过他的博士生休·艾弗雷特将其乖僻的量子物理学的多世界诠释引见给专家们。这次，他也是一语定乾坤。出版者改变了主意，发表了铁马克的文章。

这篇文章没有帮助铁马克建功立业。一位较之年长的同事警告他说，他这种异想天开是在拿自己的名声做赌注。于是，他养成了他称之为“化身博士杰克医生和海德先生的策略”的习惯，这是他仿照一本描写一名伦敦医生的双重人格生活的短篇小说而制定的策略：每当准备迈出下一个升迁的步伐，他就会把常规性的论文——对卫星观测所做的天文学分析——放到突出的位置上，并不露痕迹地收敛起对哲学的热爱。最终他获得了麻省理工学院的一个教授职位。在一名物理学家的生涯中，不可能有比这再高很多的职位了。“疯狂的麦克斯”铁马克现在高唱着颂歌地作起了关于相对论的报告，还外加吉他伴奏。在他的网页上晒着结婚照并记录着在自家房子里逮耗子的经历。他又开始公开谈论数学的多重宇宙。

矩阵——不仅是在好莱坞

第一眼看上去，数学的多重宇宙似乎不是什么重要的进步，而只是又一个转移。以前是这个或那个物理学理论为多重宇宙提供蓝图，现在是数学在做这事情。但是，一个重要的区别正在于此：数学的定理在一个意义上是绝对的，而物理学的理论从来做不到这点。它们是真是伪，要通过证明或者反驳它们才能认识到。没有实验室、没有测量仪可以鼎力相助。有的只是一个曾经经过证明的定理永远不可更改地被当作是真的，而世界上没有什么势力可以把曾经被驳斥的定理变成真的。

数学是包罗万象的世界观的一个庄严的框架。它的真理是永恒的。而且这些真理的有效性肯定深入到多重宇宙的最后一个角落。一旦什么时候和地球外的生命形式建立了联系，我们就必须要考虑可能出现的一切交流困难：那些人可能比我们机灵得多或者愚笨得多，待人接物的礼数可能完全不同，而且没有人能够预言他们是否从事我们所理解的自然研究。但是可以相信会有一个话题："最有把握的共同文化是数学"，天文学家马丁·里斯说道。

还有一点注定了数学天生就是普适语言：它在描述自然时"无法解释的效率"，这一表达出自美国诺贝尔物理学奖获得者尤金·维格纳（Eugene Wigner）之口。虽然数学是一个相当脱离现实生活的行为，但是数学家们在他们的小小书房内冥思苦想出来的思想体系反反复复得到了证明，就如同它们是专为治理世界的混乱秩序而创造的。数学对物理学的助益颇多，这让维格纳都觉得可疑。"一个奇迹。"他惊叹道。

如果马克斯·铁马克说得不错的话，那么，这就不是什么奇迹，那么，自然就是数学。铁马克不是持此想法的第一人。一切皆为数字，毕达哥拉斯派——一个于公元前6世纪在意大利南部聚集起来的哲学家的小团体如是认为。他们的具体设想是有争议的。但可以肯定的是，他们把数字视为物质世界的基础——也许当作组成部分，也许当作秩序原则。

即使在今天的学者当中，也还有些人把世界的进程视为数学过程。哲学家尼克·波斯托姆（Nick Bostrom）就是其中的一位。他认为我们的世界实际上很有可能是一个高度发达的文明在其计算机上运行的模拟。

波斯托姆和铁马克有些共同之处。他也是瑞典人，他也曾是名优秀的学生，但不是个追名逐利的人。他在伦敦尝试过当画家、诗人和演员；上大学时，除了研读哲学，还涉猎了一些物理学、逻辑学、神经病学并钻研过人工智能。现在，他在牛津大学拥有教授职位——并在内心尽情发扬着海德先生。作为超人类主义（Transhumanismus）的先驱者之一，他致力于利用技术手段来克服人类特性的自然局限。他打算为我们的躯体装备上机器人的假肢，使之处于休眠状态，直到黄金时代到来，我们的灵魂转录到计算机里。

波斯托姆认为，很有可能我们都生活在一个巨大的计算机模拟当中。如果这是真的，那么，我们周围的一切都是由二进制位和字节组成的。我们这本书啦，太阳、月亮和星星啦，我们爱着的人们和我们自己啦，都是。我们怎么能够发觉这些呢？如果再仔细看一看，我们会辨别出那些 0 和 1 所跳的舞蹈吗？恐怕不能够，因为我们看不见软件，看见的只是软件模拟的东西。好莱坞电影《黑客帝国 3》“矩阵革命”在 1999 年演示了电脑程序可以怎样欺骗我们，编造出一个虚伪的现实。电影设计了人类被自己所创造的机器囚禁于虚幻世界的恐怖脚本。如果模拟程序编得好的话，根本无法逃脱。

在超级智能的水族箱里

也许有别的办法可以弄清，我们是否是计算机程序中的字符。即使是最棒的软件开发商也会犯错误，即使是最顶级的计算机，它的计算性能也是有限的。如果微软之辈相对较弱的程序有时也会失手，那么，模拟像我们这样复杂的世界，连同几十亿、几百亿行星的海洋上闪现的每一缕阳光，出现纰漏的情况还是很有可能的。也许偏巧对信息处理机有所苛求，世界的进程偶尔会稍稍一动。也许超级编程师正在升级软件，自然法则就发生了变动。

有提示可以说明自然法则确实是能够发生变化的：所谓的微观结构常数，这是对原子的稳定性具有决定意义的一个自然常数，自原始大爆炸以来可能已经发生了百万分之几的偏差。这是天体物理学家从遥远天体的古老光线中察觉到的。超级编程师是否出现了打字错误而不得不进行修正？

波斯托姆认为，对于一个领先很多的文明来说，编写这种模拟程序肯定是手到擒来的事情。因为他确信，将来人类自身也会高度发达，所以他的基本观点是，这种模拟会比真正的文明还要多，多很多。我们是一个模拟，而非真迹，其概率几乎为百分之百。我们的宇宙很可能就像是一个水族箱，装点着超级智能的外星人家庭的客厅。这又能怎么样，波斯托姆说道，反正这对我们来说，没有改变任何事情。但是，它却说明了，为什么我们会觉得这个世界数学性这么强。

铁马克和波斯托姆这两个瑞典人的方案倒是非常相得益彰。“计算机的计算只是数学结构的一个特殊形式。”铁马克说道。创造了我们的模拟不必非得是计算机完成的不可，单有可能性就够了。“一个模拟如果额外在一台计算机上运行，会不会神不知鬼不觉地产生出‘更多’?”他问道。也许我们完全是潜在的生命，在一个潜在的地球上过着潜在的生活。真是令人错愕迷离的想法。

数学的多重宇宙一直想到了多世界想法的终点。现在具备了一切可能具备的东西。每一个物理学理论不可避免地留下来的解释上的疏漏已经封堵上了。“一名智慧无穷的数学家可以推导出多重宇宙的所有特性。”铁马克说道。

因此我们人类就出局了，因为我们没有无穷的智慧。恰恰相反，我们完完全全是有限的生命。虽然我们可以用我们的数学理论描述无穷，但是理论本身的形式却总是有限的：它们是由有限多的陈述、有限多的符号组成的。对于数学的多重宇宙来说，这是少之又少。奥地利籍数学家库尔特·哥德尔（Kurt Gödel）于1931年证明了其著名的不完全性定理（Unvollständigkeitssatz），这是人类思想史上的一个里程碑：以我们的形式手段，我们将永远无法完全掌握数学真理。这就如同寓言故事中的兔子和刺猬，数学家一旦提出一个理论，用哥德尔的不完全性定理就可以构想出一个命题，虽然它是真的，但却超越了理论。一旦人们对理论作了相应的补充，哥德尔的方法又提供出一个新的命题，它又会超越了已经得到扩充的理论。在数学的多重宇宙里，有限的生命永远无法找到最终的理论。

会说话的驴子的世界

如果涉及到其他的众世界，那就总是会牵扯到一个问题：“都有什么?”即，关于存在的本质。我们怎么也无法观察到的东西是不存在的，这是原教旨主义——哲学家称之为：实证主义——的回答。对于激进的实证主义者来说，世界终止于宇宙的地平线。再远我们就无法看到，而我们无法看到的东西，我们也不去谈论。铁马克的数学的多重宇宙是与之对立的自由主义的立场：我们无法驳斥的东西，都是存在的。这种态度在哲学中也是有传统的。柏拉图就持此观点，他假设在空间和时间之外存在着一个思想的王国，那里藏有我们所能想象的一切。许多数学家都很喜欢柏拉图的设想。他们坚信自己在工作时研究的是一些真实的东西。虽然人们无法看见或触摸到数字 28736 或者半径为 1 的圆，但是使用思想之眼还是可以分辨出来它们的特性的——这恰恰就是数学。它们以数学的方式存在于外面的某个地方，不以我们人为转移。

在存在问题上同样气度不凡的还有 1900 年前后的奥地利哲学家亚历克修斯·迈农（Alexius Meinong，Ritter von Handschuchsheim）。他在其对象理论（Gegenstandstheorie）中的观点为，即使是臆想虚构出来的事物和人物也存在在那里。迈农还不想走得太远，他没有赋予它或他们活生生的存在。但不管怎么样，还是有它或他们的。他说，它/他们“存在”。例如：人们可以坚持或否认说，虚构的魔法师的学徒哈利·波特生活在伦敦——就像谈到一个实际生活着的人一样。

一个世纪以后，美国哲学家大卫·刘易斯又远行了一段距离，他迈出了迈农不敢迈出的一步：这些他物、他人和我们世界所有的一切一样都是存在的，刘易斯说道。只是它/他们都在其他的世界里。刘易斯称自己为“情态唯实论者”。所有可能（情态的，由情况决定的）存在着的，都确实（真实）地存在着，他宣称。“存在着数不清的其他世界，”他在《论世界的多元性》（*On the Plurality of Worlds*）一书中写道，“它们有些像遥远的行星，只是它们中的大多数都比纯粹的行星大得多，它们既不远、也不近。它们是孤立的，分属于各个世界的事物之间不存在任何空间上或时间上的关系。”

每当刘易斯阐述他那气度宏伟的世界观时，大多数情况下都会看到听众“怀疑的凝视”，“但是几乎没有相反的论证”。为什么要相信存在着所有这些世界呢？“因为这样做有好处，”刘易斯说道，“而且因为有理由相信。”这些理由是刘易斯在我们日复一日的谈论中听到的：我们关于生存、可能性、原因和效果的谈论只有放在一个规模极其宏大的多重宇宙中才能够理解，他这么认为。比如：在“独角兽不存在”这样的一句话中，这位哲学家就已经辨别出了对于其他世界的暗示。为了让这个句子富有意义，“独角兽”这一表达就必须有所指。也就是说，某个地方必须存在独角兽。如果不在我们的世界中，那就得在其他的世界中。简直是所有的可能都在刘易斯丰富多彩的世界里的某个地方发生着。他的有些世界是非常异类的，根本无法用我们的语言进行描述。

刘易斯对同时代的人来说，不是很好交往的人。他蔑视闲聊并且由于凡事太较真而惹火了新结交的朋友。就连他的爱好也是对多重宇宙的一大贡献：在他家里，一个火车模型驶过每一处细节都经过深思熟虑的袖珍地形区，这是他自己制作的可能的世界。这位乖僻执拗的思想家毕生都被视为“哲学家们的哲学家”——他的理论太过纠结，无法让外行理解。刘易斯在同事中有很多钦佩者，但是拥趸却寥寥无几。2001 年，他死于心肌梗塞。他在普林斯顿大学的一位同事马克·约翰斯顿（Mark Johnston）悼念他时称他为“自莱布尼茨以来最伟大的系统的形而上学者”。“比如他相信，存在一个有着会说话的驴子的世界。”《纽约时报》在讣告中写道。

在他去世后的岁月里，刘易斯的理论大放异彩。来自物理学界、宇宙学界和哲学界的多世界的想法汇合在了一起。马克斯·铁马克把他自己的多重宇宙理论视作“刘易斯情态唯实论的数学版”。刘易斯和铁马克从完全不同的方向上想到了同一个世界多元化：只是还有纯粹的逻辑学限制着众世界。这样的一个多重宇宙不仅对物理学家来说是一个天堂，而且对数学家和哲学家来说亦是如此。

或许它太像天堂般美妙而不可能是真的。还没有最终弄清楚，铁马克的数学的多重宇宙究竟是一个合乎逻辑的构想还是包含着隐藏起来的矛盾——如果是后者，它也不是让数学家们虚脱的第一个思想建构。迄今为止，天堂最多就是一个期盼而已。

第十三章
多重宇宙中生命的意义

又开始了重重分支。吉恩·特林布尔想着与这个宇宙平行的众宇宙，在每一个宇宙里面都有一个平行的吉恩·特林布尔。有的已经提前离开，有的准时离开并且现在正走在回家吃晚饭的路上，有的在电影院看电影，有的正在观看脱衣舞表演，或者还有的一路狂奔去处理下一起丧事。他们大量涌出警察署，而还有大量的特林布尔留了下来。他们中的每一个都试图独当一面地去应付城市中自杀行为所带来的无穷无尽、无法解释的后果。

——拉里·尼文（Larry Niven），《那所有数不清的路》（*All the Myriad Ways*），1968 年

世界观有很多！譬如说有世界中空说，它认为我们生活在一个中空球体的内部。美国医生赛勒斯·里德（Cyrus Teed）在 19 世纪发明了它。他颠覆了世界：以前我们的星球家园地球成了宇宙的边缘。太阳、月亮和星星在中空的地球的内部运转。世界中空说的代表人物们挖空心思想出了巧妙的光偏移定律和长度缩减定律，因而他们的世界观虽然烦琐，但几乎无法驳倒。

世界中空说至少有一点是对的，那就是地球是圆的。平坦地球协会的会员连这一点也否认。他们坚信，我们生活在一个圆盘上，北极是中心，外边缘是一个冰制的圆环。他们从《圣经》中获悉，地球必须是平坦的，并且咒骂那些“认为地球是圆形的信徒们”从宇宙中弄来些弄虚作假的地球的照片来削弱真正的信仰。

有些人就是想要什么就相信什么。外面的真实情况是无关紧要的小事，这不单是对喜剧丑角来说的：尼古拉·哥白尼将太阳置于世界的中

心之后，450 多年来一直有很固定的一部分德国人——在 1/6 和 1/4 之间——在调查问卷中选择太阳围着地球转。在其他工业国中，这一比例也差不多高。他们大概不是什么笃定的地球中心论者，他们根本就不关心那是什么围着什么转、地球是不是圆的、我们是住在它的外面还是里面。没有世界观、或者有一个不完全正确的世界观，即使是在 21 世纪显然也能让人生活得好好的。又为什么不呢？如果是太阳围着地球转，会发生什么变化吗？

现在，下一场世界观的改革正蓄势待发，随之又产生了这样的问题：除了几百名宇宙学家，谁还对这件事感兴趣？这次，不仅仅是太阳系作了新的排序、宇宙变大了或者引入了世界的开端，这次甚至有貌合神似者参与了进来。那又怎么样，人们或许会说，我的一个副本在没法想象的遥远的地方娶了我的梦中情人、中了彩票、滑雪时没把韧带拉伤，这和我有什么关系呢？我们的日常生活毫无改变地继续着，无论在其他的众宇宙里有多么的热闹。

但是，说实话：我们中的每个人在外面都有着数不清的版本生活着，这一设想不可能让所有人都无动于衷。凡是在我们的地球上死去的人，都继续生活在其他的某个地球上，有着同样的思想、同样的感觉和同样的回忆——而在不同的地方又会发生些不同的事。他以所有可供选择的可能做着所有的事，无穷无尽的频繁和无穷无尽的重复。这是可能出现的最大的身份认同问题。在外面的某个地方，一个貌合神似者正在实施骇人的谋杀；另一个貌合神似者去年生意上冒出了一个天才绝伦的想法，现在成了地球上——他那个地球上最富有的人。

现在再来谈谈您，谈谈您会多么频繁地存在。如果您做出决定，会发生什么事情？走运或者倒霉，意味着什么？现代科学最令人瞠目的论点之一就是二者唇齿相依：宇宙的命运和每一个个人的命运。

如果结果表明，确实存在着其他的众世界，虽然很少有人会因此彻底改变其生活，但这场世界观的改革仍然伟大得足以令人更新对世界的看法，甚或是革新对生活的感觉。平日我们不会每分钟都想着平行世界。但是基督徒也不是持续不断地想着上帝。

实际上，对平行宇宙的信念就可能产生近乎宗教的作用。如果一切可能发生的事情也都发生了，它就会具有一些令人慰藉的东西，生活也就失去了其偶然性。如果一件事对我们来说糟透了，在多重宇宙中别的什么地方和我们对应的那些人情况则会好一些。错过的所有时机——我们不定在什么地方都会一一加以利用。

相信存在多重宇宙的某些研究人员现在就在自己身上观察着这些情况。“我因为铲雪量不够被课以 144 美元的罚款时，心里相当烦躁不安”，例如马克斯·铁马克讲道，“一开始我想：我真是倒霉。但转念我又明白了，如果我在其他的一个宇宙中没有被罚款，谈论走运或是倒霉岂不是没有意义。我还总是生气，但是它消除了我们总想事事都做得准确无误的压力。”

消除我们的压力？它也可能增加压力。弗拉基米尔·纳博科夫的长篇小说《阿达》讲的就是这个。小说发生在一个反地球上，在那里，对我们的地球的信念实际上就是当作一种宗教广泛传播的。在那个反地球上，一切都和地球上的相似——尽管如此，还是有一点儿不同。小说的主人公宛·维恩（Van Veen）总是被世界间的微小区别而搞得焦头烂额，最终完全跌入不幸。

这同样是多重宇宙的慰藉作用，更确切地说：这是个观念问题。乐观主义者可能会很高兴他们在某个地方一切都顺风顺水。悲观主义者可能会发愁他们的貌合神似者捅了每一个想象得到的娄子或是倒霉事缠身。

如果有人第一次听说他有可能生活在一个多重宇宙，其规模也许要大上好几千倍，那么，典型的反应模式就是：惊奇，分门别类，继续生活。“难以置信，在外面还有一个我活着！”——“他哪一部分是我，哪一部分又不是我呢？”——“无所谓啦。这和我在这个宇宙里过的生活没有关系啊。”在宇宙学的多重宇宙中确实如此。在那里，貌合神似者之间的距离是无法想象的，生活进程相隔遥远得不可逾越。但是，量子物理学的多重宇宙就不同了。在那里，您和您的另一个我亲近得没法再亲近了，您和他合而为一，是一个巨大整体的部分状态。

所以，也很难回答量子物理学的多重宇宙的平行世界具体位于何处的问题。人们不可能用手指把它们指出来。存在着这些世界，但是它们的位置不像位于一个贯通相连的三维宇宙空间内的不同星系那样。更确切地说，多世界更像一个具有人格分裂症状的人的精神状态。它们的居民生活在这些不同的世界里，但却对此毫无所知。

薛定谔的猫也是住在这些世界中的一个。量子物理学家埃尔温·薛定谔在其思想实验中把一只猫塞进了一个装有残忍的夺命机械装置的箱子里。一个量子力学的偶然事件，唯一的一个放射性原子的衰变，会置猫于生死共存一体的奇特状态。至少薛定谔是这么阐释的。在量子物理学的多世界诠释中，这种状况则有着不同的面貌：在原子放射性衰变的时刻，世界分成两股平行世界。在其中的一个世界的分叉中，猫死了，而在另一个中，它活着。

世界持续不断地分叉衍生下去，枝桠又连生在一起，长成一个越来越茂密的灌木丛。不一定每一个枝桠的分叉处即是生死攸关的岔路口。要让一个世界变成两个平行的世界，市内交通的一个典型状况就足够了。假设您高速向红绿灯驶去。绿灯！然后它跳转成黄色。您还来得及，还是来不及了？您犹豫起来，您必须做出抉择。在极端情况下，可能您大脑中的某个神经腱唯一的一个钙原子的电荷状态决定了您下一时刻是停车还是呼啸而过。您可能会觉得仿佛作了一个决定并实施了它，而摈弃了另一个选择。但是在量子物理学紧密交织的世界之网中，您的所作所为从一开始就是明确的：二者兼而有之。

在其中的一个世界分叉中，您踩了油门；在另一个分叉中，您踩了刹车。在微乎其微的刹那之间，您像薛定谔的猫命悬生死之间那样悬浮于刹车和加速之间。您存在于量子物理学的两种选择的叠加状态之中。而后，那个钙原子的信号级联就通过您的大脑传播开来，传至通往脚的肌肉，传至油门踏板。两个世界的分叉还一直都是同样的真实，但是刹那之间就分道扬镳——量子物理学家称这一过程为消相干（Dekohärenz），因为以前聚合的、或说高度同步的系统瓦解了。脆弱的叠加状态分裂成为加速和刹车这两种可能性。

您做出了不同抉择的貌合神似者现在就永远地不在您的视觉范围内了。您注意不到他，因为消相干迅如闪电。如果消相干没有清理量子世界的混乱，那么，我们恐怕就会一时精神错乱。我们不得不坐在同时放在多处的椅子上面。天空同时阴云密布和晴空万里。我们来自其他世界的貌合神似者总是会偶然与我们相遇。“我们不得不培养起存在于叠加状态之中的直觉来。”海德堡的物理学家迪特·泽赫说道。他是多世界理论中消相干哲学结论的专家。就连泽赫也说不清，如果我们在这个世界所处的状态鬼使神差地要取决于我们在平行世界中的代表的话，会是什么样的感觉。或许我们目前正处于扩展阶段的大脑完全胜任不了它。

自杀不是解决办法

“我是谁？如果是我的话，有多少是我？”——在多重宇宙中，这一问题的提出比任何地方都要迫切。一个人的哪些副本和变体还属于这个人、哪些差异太大？“真让人心烦意乱，”加利福尼亚大学圣克鲁斯（Santa Cruz）分校的物理学家安东尼·阿吉雷（Anthony Aguirre）承认说，“是‘我’有什么意义呢？我绞尽脑汁地思索着这个问题。”

有些哲学家担心，在一个分叉衍生的世界中，我们的身份认同问题根本就不再有什么有意义的解决方案。例如：牛津大学万灵学院（All Souls College）的德里克·帕菲特（Derek Parfit）就认为，分裂的人格就不再是人格了。因为对一个人格来说，重要的是从出生到死亡的一个连续不断的精神状态。但是，一个人在两个世界中的两种状态之间没有连续性。其他的哲学家不这么杞人忧天。但我们肯定要在多重宇宙中重新定义我们自己：如果我们说“我”，我们指的是什么？是我们的一个单个的版本、所有的汇总还是仅指足够相似的那些副本？我们必须做出抉择。一旦我们找到了自己的新的身份，我们就需要一个新的伦理学。我们该如何在一个不断分裂的世界中生活和行动、每一个我们都要和它在一起吗？设想一下，您大胆地闯了红灯。一个骑自行车的人从右边驶了过来，您刚巧从他身边躲了过去。“侥幸逃脱”，或许您想。但您不该也想想，您在其他世界中的代表们刚巧撞伤了骑车人？

似乎在多重宇宙中我们失去了自己所有的自由：无论我们做什么，我们总是做一切可能的事情。如果反正一切都会发生，我们还能希望什么，骄傲什么，又必须对什么感到愧疚呢？“如果我知道，我在某个宇宙中每次犯罪都能不受处罚，全身以退，我为什么要遵纪守法呢?”加来道雄问道——而且一直也没有给出回答。也许最聪明的做法是干脆待在被窝里。

作家兼法学家朱莉·泽（Juli Zeh）也认为，多重宇宙中我们行为的所有准则都模糊不清了：“如果物理学上皆有可能的一切总归都要发生，人们干嘛还要做什么决定呢？一个凶手为什么要滥杀无辜，如果他反正要在某个世界行凶？人们不必再为自己的行为负任何责任。如果量子力学的多世界诠释经证明是正确的，法制体系肯定也不会马上发生改变。但是，新一轮的伦理讨论不得不开始。”朱莉·泽在其长篇小说《芦苇》（*Schilf*）中谈到了，关于宇宙数量之争能够达到什么样的程度。小说里讲到两个物理学家因为量子力学的多世界诠释而友情恩断义绝的事情。其中的一个物理学家试图用尽一切办法向另一个证明只有一个世界，学术讨论演变成为谋杀和绑架儿童的刑事案件。

根据迄今为止的破案情况来看，多重宇宙的讨论还没有在我们的世界里导致犯罪行为的发生。但是，有人在考虑了。马克斯·铁马克仅知道一种唯一的途径来实验性地检验平行世界的存在，而且该方法相当令人望而生畏：量子自杀。铁马克建议，用原子来玩俄罗斯轮盘赌。手枪的扳机和测量放射性原子的衰变的盖革计数器连接在一起。如果扣动扳机时，碰巧正好有一颗原子衰变，武器就会实弹射击。如果没有原子衰变，手枪只会发出“咔嗒”一声响。对准沙袋试射时，会听到意外的一连串的枪击声和咔嗒声。一位鲁莽冒失的物理学家此时可以命令自己的助手将手枪对准自己，扣动扳机十下。如果只有一个世界，那他存活下来的机会就会极其微小。但是，在量子力学的多重宇宙里他会在听到十次咔嗒声的状态中重新找回自己。虽然他在几乎所有的世界分叉中都已死亡，但是在若干世界分叉中他还是幸存了下来。至少在那些地方他可以相当有把握地确认存在着若干世界。

虽然马克斯·铁马克对自己生活在一个量子力学的多重宇宙中深信不疑，但他至今都不敢玩一把俄罗斯量子轮盘赌。他是有老婆孩子的，那样一来，他会让他们在大多数的世界中成为孤儿寡母。即使是在多重宇宙中，手持量子手枪对准自己并希望只有那些在其他世界里的貌合神似者们才会倒地而亡，总归也还是罪孽。

幸好迄今为止，这种事情仅仅发生在文学天地里。在科幻故事《那所有数不清的路》中，拉里·尼文讲述了对其他世界的了解如何能够真的把人逼疯并迫其自杀的故事。尼文铺陈了一个未来的噩梦脚本，在这个脚本中，一个名为交叉时间有限公司的企业来来回回地把其飞行员派往各个平行宇宙之间。宇宙间的信使们把技术革新带回自己的家乡世界，把自己的新技术带给其他的世界。但是，对同时生活在形形色色的宇宙中的认知则让人类的道德一败涂地。他们看上去是在无缘无故地谋杀和施暴。自杀数量增加。警长吉恩·特林布尔一边把玩着自己的手枪，一边揣测着其中的缘由。如果他现在干脆将一颗子弹射入头部会怎样？不会是无所谓吧？在其他的宇宙中，他兴许会继续活着。特林布尔持续地沉浸在对世界的妄想中，因自己繁多的思想而迷惘，直到他失去了生活的愿望——最终他真的开枪自杀。但不是在所有的宇宙中。

可是，警长在这里犯了个错误。因为在多重宇宙中如何行动——即使是在某个世界中确实实施了每一个行动——根本不是无所谓的事。不过，物理学家们几年前才开始理解，量子物理学的概率命题是如何与多世界诠释相互协调一致的，从此以后他们才渐渐明白了这个道理。那时候，拉里·尼文的超短篇小说已经出版。

问题如下：量子物理学把统计概率划归到微观世界的事件中去。例如：放射性碘131原子在经过16天的双倍半衰期后以75%的概率衰变（衰变为一个氙原子和一个电子）。在多世界诠释中是这样叙述这一情况的：世界划分成一个碘131原子发生了衰变的世界和一个它没有发生衰变的世界。可是，如果反正是要发生的，人们怎么可能说这事发生的概率更大或是更小呢？

“概率在多世界诠释中的意思与传统阐释中的意思有所不同。”伦敦国王学院（King's College）的哲学家戴维·帕皮诺（David Papineau）解释说，“它测量的是所有真实未来的相对重要性，而不是可能性未来成为现实的前景。”如果世界不断地分化衍生为平行世界，概率较大的那些世界枝杈就比其他的枝杈要粗壮。“更粗壮”或者“更有可能”具体是什么意思，物理学家和哲学家们还在讨论。

好消息就是，我们由此在多重宇宙中赢得了更多的回旋余地。我们能够以新的方式感觉到自由。在经典物理学所规定的单轨的、确定的世界进程中，没有“如果……那么”，也就是没有什么需要我们去做决定。在多重宇宙中就有了多种可能性，每一个当前都有着几种未来。每个人都可以更重视这个或那个可能性。即使每种可能性都能成真，它在多重宇宙中占据多少位置也还是不确定的。“我们通过做出正确的抉择，采取正确的行动，增加了我们人类的各版本在其中过上有意义的生活的宇宙的数量”，伦敦的物理学家大卫·道奇说道，他对多重宇宙特别精通——他不仅设计了多重宇宙的方案，而且还把“多重宇宙”这个词推广到了科学家中间。

以道奇看待事物的眼光，多重宇宙根本不会剥夺我们的自由。恰恰相反，它给予了我们自由，因而也给予了我们行善或者作恶的可能。“如果您成果卓著，您那些做出相同决策的所有的副本也会成果卓著，”道奇说道，“您的良好举动扩大了发生好事的多重宇宙的比重。”如果把多重宇宙设想成枝桠不断分叉的茂密的灌木丛，我们就可以通过我们的行为使粗壮的枝杈更强壮。即使是一个正直的多重宇宙的居民也无法阻止坏事的发生。但是，他可以扬善。因此，虽然我们的许多貌合神似者把所有的东西都一股脑地扔进了同一个垃圾箱，但是，我们一如既往地进行垃圾分拣也还是有意义的。至少当人们认为进行垃圾分拣可以有助于我们拯救世界时，就是有意义的。

量子睡美人

在量子力学的多重宇宙中，我们的每一个行动都影响着世界的结构。这不禁让人产生巨大的怀疑：宇宙的结构是否也一同参与决定了我们最好应当做什么或者不做什么？这种推测让哲学家们也参与了进来。他们正在通过讨论《量子睡美人》（*Quantendornröschen*）的故事要把事情弄个清清楚楚。这是一个当前版的格林童话故事：

从前有一个被试验者，名叫睡美人。一个星期天的晚上，她服用了一个肆无忌惮的研究人员给她的一种效力很强的药而昏昏睡去。大家有约在先，睡美人入睡后，这名研究人员就在当天至星期一的夜里进行一个量子力学的随机实验，实验会有两种概率相同的可能结果。我们称这两种结果为“人头”和“数字”，就像投掷硬币猜正反面那样。星期一早晨，他唤醒睡美人。倘若结果是人头，实验就结束；但是实验得出的结果倘若是数字，他就会给睡美人一种药，使她忘记苏醒，又昏昏睡去。然后他就会等到星期二的早晨再去唤醒她。也就是说，睡美人在得到允许可以回家前，或者在星期一仅被唤醒一次，或者呢，在星期一和星期二被唤醒两次。

也许会有更加轻松有趣的童话，但是，从哲学的角度来看，量子睡美人提出了一个非常棘手的问题。您设身处地地当一回睡美人。外面太阳高高升起，您刚刚被实验的主管给唤醒，却并不知道是星期几。如果主管现在要问您，星期天至星期一的夜里实验结果为人头的概率是多少，您会怎么回答？有两种估计概率的办法，两种都明白易懂，但有两种不同的结果。一种呢，星期天晚上入睡前，出现人头的概率正好是 1/2。由于您沉睡时没有获取什么新消息（而且，如果结果是数字，星期一还得吞下一颗忘却丸），因此，您不管是在星期一还是在星期二醒来时，都必须总是以 1/2 为起点。另一种办法是：如果人们非常频繁地重复实验，那么，您会有一半的情况是星期一被叫醒，然后回家。另一半的情况是您还得在实验室过上一夜。出现人头时，被叫醒一次（星期一），出现数字时，被叫醒两次（星期一和星期二），是 1/3 对 2/3 的比例关系。按照这种估算办法就得这样回答实验主管提出的问题：星期天夜里出现人头的概率是 1/3。

这就是谜了。1/2 还是 1/3 —— 同时为两者不可能是对的。数学也无能为力了。它虽然可以计算概率，但它不能给一个事件指派概率。这是物理学家干的事 —— 或者，在这种情况下，应由哲学家来操刀。

如果量子睡美人要来听听哲学家的意见的话，她就会相当迷茫。一开始，在 2000 年，普林斯顿大学的哲学家及睡美人之谜的始作俑者亚当·埃奥伽（Adam Elga）论证应为 1/3。他的澳大利亚同行大卫·刘易斯反对，赞同 1/2。1/3 阵营和 1/2 阵营势不两立地敌对了若干年，论据也越来越钻牛角尖。渐进地，1/3 阵营在人数上占了上风。

但是思想家们在估算时并没有考虑多重宇宙。2007 年，迈阿密大学（University of Miami）的哲学家彼得·刘易斯（Peter Lewis）在这场讨论中提出了一个论点，他认为，量子睡美人的回答是否正确取决于宇宙的构造。如果世界像量子力学的多世界诠释所描述的那样分化，那么，量子睡美人就必须用人头的出现概率为 1/2 来打赌。刘易斯的论据的核心在于，世界和这个随机实验一起分裂为两个版本，一个出现人头，一个出现数字。两个世界分支都同样真实，而且概率相同。当睡美人醒来时，对她来说重要的只是她来到了哪个分支的问题。也就是说，如果她听从刘易斯的意见，她必须把人头（数字亦仿此）定值为 1/2。这让 1/3 阵营的人很不开心。量子睡美人和其他童话的情况一样：无拘无束地杜撰出来，相当脱离实际，但是如果思而考之，却富有教育意义。至少对哲学家们来说是如此。看上去，我们对未来的期许似乎真的取决于我们是生活在一个还是多个世界里。对于一天的认识是否亦可以应用于日常情况，还有待于澄清。哲学家们首先着手熟悉多重宇宙。

量子力学的分支世界为我们展现了一种新型的自由。我们怎样使用这一自由，这是我们的事情。在我们能够充分利用它之前，首先应该理解它并保持清醒的头脑 —— 而这就已经够困难的了。“如果我们真的去思考多重宇宙和我们的日常生活发生着怎样的关系，它会让我们疯掉”，牛津大学的哲学家西蒙·桑德斯（Simon Saunders）说道。于是他还是放弃了思考，虽然他坚信量子物理学的多世界诠释。“我干脆接受了它，”他说道，“然后就去想些其他的事情，为了我的心理健康。”

第十四章
上帝在哪里？

于是，上帝的庄严显赫提升了，其王国的幅员昭然若揭：他不仅是在一个太阳上备受赞誉，而是在数不胜数的太阳上；不仅是在一个地球、一个世界上，而是在成百万的地球、世界上——我要说的是：多得数也数不清。

——乔尔丹诺·布鲁诺，《论无限、宇宙和多个世界》，1584 年

设想一下，今天是星期三，您被劫持了。绑架您的人是个精神变态者。他不想要赎金，他想要用您的命赌彩票：您得猜今天晚上开奖彩票的中奖号码。如果您猜中了，您就自由了。如果没有猜中，他就撕票。除了配合他，您还有其他选择吗？您跟他说了 6 个数字。夜幕降临，圆球滚动。恰恰就是您的球中了。您猜对了。劫持者信守诺言，释放了您。

当天夜里，您合不上眼。无法理解，您此时此地居然活着躺在床上。后面是否隐藏着什么诡计？难以置信。不可能就这么幸运！难道还真这么幸运？无论这运气是多是少，如果没有这运气的话，您此时此刻就不会躺在这里并对这一切感到惊奇了。

人类把他们的生存归功于比彩票中奖的 6 个数字概率还要低得多的运气。宇宙毫厘不爽地调整成它可以产生生命所必须具有的样子。物理学的定律稍稍一动，宇宙就会荒无人烟。举两个例子：如果组成原子核的基本粒子——质子的重量仅仅再增加 0.2%，它们就会瓦解，那就不会有原子，不会有行星，不会有生命，也不会有您。如果万有引力的力量也没有调整到完全是它现在的这个样子，宇宙看上去就会昏天黑地：力量稍微弱一点，宇宙的质量就会不分青红皂白地四散流离；力量稍微

强一点，星体在其自重的压力之下就会迅速燃烧，因而没有哪个行星能够来得及孕育生命。

“只有6个数字”决定着宇宙的大小和形态，英国天文学家马丁·里斯爵士（Sir Martin Rees）宣称。几乎全部都是技术参数：空间的维数、宇宙中物质的密度和结块成形度、万有引力和电磁之间的力量对比关系、原子核内结合力的强度以及施压宇宙使之离散的所谓的宇宙学常数。这些数字具体说明了什么，只有专家才知道，但是结果对每个人来说都是显而易见的：太阳、月亮、星星、行星、原子。而且它们具有精益求精的准确数值，致使像我们人类这样复杂的事物生存，这近乎是一个奇迹。宇宙六合彩比周三的彩票开奖概率还要低得多得多。宇宙似乎充满了命中注定的幸运。

物理学家们不喜欢什么命中注定，也不喜欢幸运。因为命中注定总是无法解释的，而物理学家的天职就是解释宇宙。在原始大爆炸发生的那一刻，产生像这样的一个宇宙的概率为1至10^{59}——这是宇宙学家的估算。59个0，也许多几个、或者少几个，不管怎样，这不对物理学家的胃口，太多了。“这里，我们有很多实在奇怪的偶然，”物理学家安德雷·林德说道，“而且所有的偶然都恰恰可以使生命成为可能。”

神学家喜爱命中注定。对他们来说，为什么世界是它现在这个样子的问题只有一个答案：因为上帝把它创造成了这个样子。那为什么他把它恰恰创造成这个样子呢？17世纪的德国博学通才戈特弗里德·威廉·莱布尼茨对此做出了一个合乎逻辑的解释：上帝，这位无所不知者、无所不能者、广施仁慈者，只能创造出所有可能世界中最好的这个。要么是这个，要么不创造，否则他就不是无所不知、无所不能、广施仁慈了。

莱布尼茨劳神费力地思索，一门心思要证明为什么我们的世界虽然有战争、饥饿和瘟疫，却仍然是所有可能世界中最美好的。他宣称，为了实现美好的事物，所有的这些祸患就都是必要的。他设想上帝是所有钟表匠中最富智慧的那个，他的钟表机构一旦创造出来并调整完美就恒久自行运作——以“事先确定的精彩秩序”，这是他在写给艾萨克·牛顿的一个朋友塞缪尔·克拉克（Samuel Clarke）的信中提到的。如果上帝像牛顿和克拉克所宣称的那样，必须再三地给宇宙钟上弦，那他的创造就是不完美的。而按照莱布尼茨的理解，这座宇宙钟属于一个人口众多的美好世界，所以，宇宙从开始直到小数点后面的最后一位都为生命做好了准备，也没让他感到意外。如今，宇宙学给了他比以前任何时候都更好的理由。即使我们的世界不完全是所有可能世界中最好的那个，那它也好得足以让人重视一位仁慈的造物主的论点。至少它好过了头，不可能是偶然。

神学家们对关于宇宙的为什么问题做好了充分的准备，而且很长时间以来也就只有他们在负责回答这些问题。自然科学家们描述世界是什么样的，神学家们解释它为什么是这样的。到了20世纪，越来越自信的科学家们宣布取消这种分工，大胆地接近原则性基本问题。“我思考最多的问题是，”阿尔伯特·爱因斯坦说道，“上帝在造物时是否有选择。”他想知道：为什么自然法则和自然常数——例如：基本粒子的质量或者万有引力的强度——恰好是我们发现它们的这个样子？其他的自然常数和自然法则是否也有可能？简而言之，还是我们早就熟悉的问题：为什么宇宙是它现在的这个样子？

统计学替代造物主

爱因斯坦希望会有一个更深层的自然原理来取消所有的偶然性：一个万能理论，世界公式。在最后的30年里他一直寻寻觅觅——却徒劳无功。他的后续者们继续寻找。他们找到了很多额外的东西，都是有关世界是什么样的，而不是有关它为什么是这样的。

后来到了1973年，英国物理学家布兰登·卡特语惊四座，他宣称，爱因斯坦的问题自行得到了回答。宇宙之所以是它现在的这个样子，是因为我们在这里。如果它是别的样子，我们也就无法追问它。单单是我们的存在就限定了自然常数。卡特是这么表述的：“我们所能指望观察到的东西，一定受到了我们作为观察者在场所必需的条件的限制。”他称这个原则为人择原理（参见第十一章）。

人择原理歪曲了宇宙学的历史。卡特偏偏是在纪念尼古拉·哥白尼的大会上提出了它，而哥白尼曾经将人类从宇宙的中心驱逐出去。500

年后，卡特难道又想把我们这些居住在一个普普通通星系边缘的小得可怜的星球上的居民扶正而成为宇宙秩序中的主角？同行中所表现出来的热情很一般。“我们认为，对宇宙微调所做的任何一种解释都比没有解释要好”，天文学家伯纳德·卡尔（Bernard Carr）说道，“但是，很多物理学家当时看待人择原理都很不屑。”

如果仅有唯一的一个宇宙，人择原理实际上就几乎寸步难行了。世界之所以是它现在的这个样子，是因为我们就是我们现在的这个样子——而我们之所以是这个样子，是因为世界是这个样子。论据在原地打转。

然后，来自宇宙学、量子物理学、弦理论关于不仅仅存在一个宇宙的提示越聚越多——于是，人们突然改变了对人择原理的看法。它不必再解释多世界的形态，而只消解释我们在其中的特殊位置。

如果从一个宇宙到另一个宇宙的自然法则和自然常数都发生随机的变化，那么，它们在我们这里为什么恰恰就是它们现在的这个样子，这个问题就不再是谜了。雷欧纳德·苏斯金德是这么回答这个问题的：“在巨型宇宙中的某个地方，常数是这个数值，在别的什么地方就是那个数值。而我们生活在十分微小的一个部分，这个部分的数值和我们的生活方式能够和谐相处。就这些！这个问题没有别的答案了。”

这和我们在地球上生存的情况相似：没人会感到奇怪，人类怎么偏偏生活在太阳系中为其提供了舒适环境的这个独一无二的星球上呢。他们没有在别的任何星球上产生。没人需要命中注定的幸运或是上帝的安排。

早在公元前300年左右，伊壁鸠鲁（Epikur）就认为，“存在无穷多的世界，既有和我们的世界相似的世界，也有和它不相类似的世界”，而且在这无穷无尽的广袤中没有神祇的位置。今天的无神论者也同样希望，自然科学可以用多重宇宙罢免上帝的职务。如果可以设想的事情总是再三地发生，就不再会有很多事情需要一个造物主去做了。从人类的角度来看，多重宇宙有多有趣，它在上帝的眼里就有多无聊。

在一个单个的宇宙中类似于造物主的创作的那种作用，在多重宇宙中所显露出的真面目则是纯粹的统计学。“我认为，出现这么多的微调，只能有两种解释，”美国物理学家及诺贝尔奖得主斯蒂芬·温伯格说道，

“要么是仁慈的规划者，要么是多重宇宙。”哲学家尼尔·曼森（Neil Manson）把多重宇宙视为“绝望的无神论者最后的避难所”。其实，最高无神论者理查德·道金斯（Richard Dawkins）在《上帝的疯狂》（*Der Gotteswahn*）一书中大张旗鼓地高调颂扬多重宇宙的人择原理。他认为这个想法“美妙绝伦”，而且多重宇宙比起上帝的假说来异国色彩要少得多。“要论起宇宙纯粹的数量来，多重宇宙可能显得颇具异国色彩，”道金斯写道，“但是，这些宇宙中的每一个在其基本规律上都是简单的——也就是说，我们不假设任何最不可能的事物。”

马丁·里斯在其最新著作的目录中一针见血地指出了讨论的核心问题。在《上帝的安排》（*Göttliche Fügung*）的章节下，他只加了一个简明扼要的参阅注释：“参见多重宇宙。”

人择原理在研究人员中赢得了越来越多的支持者，但还远远不是所有的人都信服。大卫·格罗斯简洁地评论道：“人择原理很糟糕。用它不能解释任何事物，也不能计算任何东西。”原理的捍卫者则反驳说，很可能渐渐出现了这样的预言（指解释和计算。——译者注）。

实际上，斯蒂芬·温伯格在80年代就借助于人择原理的论证做出了一种预言。他计算出了驱使宇宙四分五裂的反重力的最大容许值是多少才能够使我们宇宙中的原子在发生原始大爆炸之后得以粘连成块而结成星体和星系（反重力与所谓的宇宙学常数或者暗能量同义）。计算结果是：它的最大容许值相当于每立方米100个氢原子的能量。如果大于这个值，就从来不可能出现过星星乃至人。温伯格找到了反重力的上限。1998年的测量结果为：我们的宇宙加速膨胀，驱动膨胀的暗能量的值差不多等于每立方米4个氢原子，也就是说，处于温伯格的极限范围内。从此以后，物理学家们就争论起这算不算是对温伯格预言的证实的问题（多重宇宙的开路先锋亚历山大·维兰金称其为“人择原理论证的典范人物”），或者呢，是不是像大卫·格罗斯认为的那样，没有人择原理的鬼把戏也能取得这样的成果。

温伯格本人站在两派之间的某个地方。作为物理学家来谈论人择原理大约就像牧师谈色论淫，他曾说道：“无论你怎么强调自己的反对态度，还是会有人总是认为你就是有些过分地感兴趣。”

无法预见这场争论何时才是尽头。再过几十年，人择原理可能会成为宇宙学的指导原理。或者可能被遗忘。到那时为止，依然存留着一个信念问题：为什么宇宙这么适于居住。

谁还在寻觅他的信仰，就可以有四种选择：

1）我们曾经撞过大运。宇宙所有的参数都有可能是其他的数值，一旦如此，宇宙就会暗无天日并空空荡荡。但是，这些参数都在宇宙的彩票大抽奖中落在了那个可以让世界繁衍生息的狭小的间隙里。

2）不是幸运，而是必要性。将来的万能理论将会限制自然常数的回旋余地，以便仅能产生一个适于居住的世界。

3）我们不需要幸运。有这么多形形色色的宇宙，因而适于居住的宇宙也在里面了。然后我们必然就生活在一个可以居住的宇宙里面。是人择原理为我们挑选出了这么一个。

4）这是命中注定。一个更高的生命将世界制造成了它现在的这个样子。也许世界就是一个先进发达的文明的实验室里的产物。也许是上帝的杰作。

第一种可能性意味着讨论的结束：彩票的中奖者不必自问，为什么抽中了他的数字。第二种可能性是爱因斯坦梦寐以求的情况——而且是许多物理学家继续梦想着的事情，那就是解释一切的世界公式。其他的一些人渐渐地放弃了对超级公式的希望。还剩下第三种和第四种可能性。难道我们必须在上帝和多重宇宙之间做出抉择吗？

多重宇宙并不总是被视为“无神论者的避难所”。中世纪时，神学家们开始并不认为多世界的设想和基督教的教义之间有什么矛盾。恰恰相反。非基督徒亚里士多德曾经教导说，只能存在一个世界——教会的代表们认为这是对上帝无限权力的限制。1277 年，巴黎的主教埃蒂安·坦皮尔（Etienne Tempier）在所列禁止讨论的命题清单中的《第 34 条》（*Sentenz 34*）中明确地将每一个否认上帝具有创造不止一个世界的能力的人宣布为异教徒。虽然坦皮尔没有宣称确实存在着多个世界，但是否认可能存在着多个世界，他就谴责其为异端邪说。就连 14 世纪最知名的学者威廉·奥卡姆（Wilhelm von Ockham）、约翰尼斯·布里丹（Johannes Buridan）、尼古拉斯·奥雷姆（Nikolaus von Oresme）都认为有可能存在着其他的世界。15 世纪，弗朗西斯派托钵僧威廉·佛理罗（Wilhelm von Vorillon）研究耶稣基督钉死在十字架上是否也拯救了其他世界的居民的问题。是的，他回答道："即使有无穷多的世界。但是他不适合前往这些其他的世界以便在那里不得不再死上一次。"不管怎么说，我们拥有耶稣选择我们的地球赴死的特权。15 世纪，颇具影响力的红衣主教尼古拉斯·库萨（Nikolaus von Kues）也相信存在着大量的世界和一个无边无际、到处生机勃勃的宇宙。

后来就出现了尼古拉·哥白尼，神学家和宇宙学家之间开始闹起了别扭。由于害怕惹恼教会，哥白尼 1543 年 70 岁高龄才发表了自己关于日心说世界观的力作，其时他已行将就木，而后来他把这一世界观是当作纯粹的数学假说来推销的。伽利略毅然决然地维护着日心说世界观，宗教法庭采用终身监禁和禁止研究的手段迫使他沉默下来。

天主教教会感到上帝的秩序受到了威胁。从此，对于其他世界的推测就被视为旁门左道、亵渎神明——尽管教会其实也在鼓吹一个多重宇宙：现世的三位一体、天堂和地狱。神学家和宇宙学家之间的气氛也尖锐紧张起来。"什么无穷无尽，什么世界的丰富多彩，简直是岂有此理，"加尔文教的学者兰伯·达鲁（Lambert Daneau）在 16 世纪时写道，"只有一个，不会再多了。"路德教派信徒菲利普·墨兰顿（Philipp Melanchthon）对拯救外星人嗤之以鼻："我们的主耶稣基督是在这个世界出生、钉在十字架上并复活的，因此，既不可以有对其他世界的设想，也不允许有人想，其他世界中对耶稣一无所知的人们会得到永生。"支持世界多样性的神职人员，譬如：多明我会的修道士乔尔丹诺·布鲁诺和汤马索·康帕内拉（Tommaso Campanella）遭到了拘禁和刑讯的折磨，布鲁诺烧死在木柴垛上。

其间，远离天主教教会势力范围的地方，世界多样性的思想方兴未艾。在圣公会主宰的英国，自然科学的开路先锋们看不出他们的基督教信仰和对其他世界的推测之间有什么矛盾。恰恰相反。物理学家兼化学家罗伯特·波义尔（Robert Boyle）——艾萨克·牛顿的一个朋友及皇家协会的创始人之一——为其多重宇宙版本赋予了神学的基础，这与21世纪的宇宙学也是协调一致的。他认为，上帝在我们可以看得到的宇宙之外试验了各种各样的自然法则："如果我们像某些现代哲学家那样，接受上帝在我们的世界之外还创造了其他的世界，那么，他丰富多彩的智慧就非常有可能在众多的杰作中体现出来。而这些杰作与有我们在其中对他钦佩叹服的这个作品有很大的不同。"

不是所有的圣公会异教徒都会觉得多世界宇宙学和宗教之间的这种和睦相处赏心悦目。伦敦的牧师约翰·亨利·纽曼（John Henry Newman）显然认为这太离谱了。"在关于世界多样性的争论中，大家如此心悦诚服地公认造物主让生灵遍居天体，以至于对此表示怀疑都看似近乎亵渎神明。"1870年，他在《信仰的逻辑》(*Grammar of Assent*) 一书中抱怨道。他皈依了天主教，还当上了红衣主教，很快教皇就能为他行宣福礼了。

1992年，天主教教会的工作人员在教皇访问布鲁诺的出生地诺拉镇时还让人遮盖了一座纪念像，以避免令约翰·保罗二世（Johannes Paul Ⅱ）看到文艺复兴时期的捣乱分子的面目。史蒂芬·霍金说，教皇约翰·保罗二世曾告诫他不要研究原始大爆炸，因为那是创世的时刻，因而也是上帝的杰作。霍金只是暗暗在心里反驳道："我没有兴趣分担伽利略的命运。"后来，在同一年，梵蒂冈正式为伽利略平反昭雪。

在天主教教会，时代也发生了变迁，只不过必须等待足够长的时间。甚至连拯救外星人也渐渐重新列入议事日程上来。耶稣会会士乔治·科因（George Coyne）长年担任位于岗道多夫堡（Castel Gandolfo）的梵蒂冈天文台台长一职，他是这么设想与其中一名外星人对话的：

> 我的第一个问题：你有智能吗？如果有的话，我们来讨论一下怎么定义智能。我们得出结论：和我一样，他也是有智能的，他有自由的意志等等。然后我问：你有精神吗？当然了，他说，我们相信永生和一个万能的生命。了不起，于是我问：你们犯过罪吗？后面隐藏的是对原罪的全部讨论。假设他作了肯定的回答，他的祖父母曾经告诉他，祖先曾经犯下罪过，不管他们是不是亚当和夏娃——但他们在被创造出来的时候，所处的状态肯定不再是完美的了。你们被拯

救了吗？是的，我们被拯救了。你们是怎么被拯救的？如果他现在回答：我们得到了拯救，是因为上帝把他唯一的儿子派给了我们，那么我们就会有一个小小的神学上的麻烦。上帝是否能够把他唯一的儿子，这是货真价实的上帝和货真价实的地球人，派到我们这里来并且又把他唯一的儿子，这是货真价实的上帝和货真价实的火星人，派到另一个星球上去呢？我看不出来，这怎么可能。但是我有限的想象力并不说明这不可能。

多重宇宙不是亵渎神明

多重宇宙的理论不仅仅涉及了原始大爆炸，其视野远远超越了它。理论没有规定像莱布尼茨和约翰·保罗二世所想象的创世的瞬间。因此，有些教会的代表就认为理论未经许可地干预了信仰问题。维也纳大主教克里斯托弗·舍恩博恩枢机（Christoph Kardinal Schönborn）2005 年在《纽约时报》上发表了一篇备受关注的评论，叱责多重宇宙的假说。它"被提出来，是为了避开在现代科学中可以找到的目的和计划的如山铁证"。因此，它"不是科学的，而是在解除人类的理性"。

这番言论很适合中世纪。在 21 世纪，科学家们绝不会再让教会来规定自己的思想。"像这样的宗教偏见不能决定任何科学问题。"诺贝尔奖获得者温伯格回应舍恩博恩枢机道。

可是，不仅仅是保守的神职人员拒绝接受多重宇宙。牛津大学的理查·斯温伯恩（Richard Swinburne）信奉希腊东正教，是健在的最知名的宗教哲学家之一，对多重宇宙的评价和舍恩博恩枢机一样低，而且理由十分相似。这是"反理性的顶峰，仅仅为了避开存在上帝的假说而假设存在无穷无尽数量的毫无因果关系的宇宙"。自然法则奇妙的调整对他而言，既非偶然，亦非必要，而是上帝之手在世间留下的手印。因为，斯温伯恩认为上帝在创造世界之时首先想到的是美，而这种美表现在星系、星星和行星的形成发展过程中。也就是说，上帝有着"充分的理由，要用原始大爆炸把这一发展进程推动起来，即使当时他是唯一可以观看的人。如今，上帝不再是唯一可以观察原始大爆炸的人了，我们通过回溯遥远过去的望远镜也可以一直看到宇宙的最初阶段”。不言而喻，创造多重宇宙是在上帝的权力范围之内。但如果无人能够欣赏其美，又有什么用呢？“那就没有意义了”，斯温伯恩如是认为。

很多神学家和宇宙学家坐看多重宇宙和上帝的信仰之间进行龙虎相斗，但也有人熟悉并相信两者。例如：唐·佩直（Don Page）是加拿大阿尔伯塔大学（University of Alberta）的理论物理学教授，也是笃信的基督徒，并且他打算让他的基督徒同胞“信服，多重宇宙的想法不一定与基督教信仰相矛盾”。完全相反，佩直说道：人们必须也赋予全能的上帝创造多重宇宙的能力。上帝有充分的理由创造一个巨大的多重宇宙，而不是一个小宇宙，佩直认为：“也许他关心原理的经济学甚于关心建筑材料的经济学。”但是在多重宇宙，造物主还能剩下多少决策的自由？足够了，佩直说。创造一个多重宇宙，就已经是造物主的一个独立自主的决策了。

诸如佩直这样的基督徒在煞费苦心地使《圣经》的创世记史与现代自然科学协调起来，而多重宇宙顺应其他宗教时，阻力则少得多。有些犹太教的神秘教徒解释创世记史时说，上帝在创造我们的世界之前首先进行了练习。他们是这么阐释《创世记》中的句子“上帝端详着他所做的一切：非常出色”的：此前一定是失败了好几次：上帝创造了很多宇宙，然后赐福于最好的那个。“多重宇宙‘非常出色’”，供职于哈佛－史密松森天体物理中心（Harvard-Smithsonian Center for Astrophysics）的天体物理学家霍华德·史密斯（Howard Smith）说道。

印度教教义从一开始就包含了多重宇宙的设想：万物的永恒轮回。

世界的产生与世界的毁灭交替进行。“更确切地说，印度人对世界具有一个开端的想法很陌生”，德国物理学家马丁·伯卓瓦（Martin Bojowald）说道，他正在研究一个顺序排列的多重宇宙的理论。他在印度作关于原始大爆炸发生之前的时间的报告时发现：“他们觉得我的观点十分普通。”

弗里德里希·尼采，这位德国哲学家中的创造性思维的奇才，也相信顺序排列的多重宇宙。尼采看不上宗教。他想用自己对一切永恒轮回的设想取缔上帝。“不相信万物循环过程的人，只能相信独断专制的上帝”，他写道，他选择了循环过程。

最近，多重宇宙在信仰基督的宗教哲学家中间也赢得了朋友，例如：位于多伦多的瑞尔森大学（Ryerson University）的克拉斯·科瑞（Klaas Kraay）。他甚至认为多重宇宙是“所有可能的世界中显然最好的一个”——莱布尼茨向你致意！“如果上帝错失良机，没有确确实实地创造出值得创造的所有宇宙，那他的作品就是可以超越的。”科瑞说道。因为上帝的威力、知识和仁慈是不可超越的，所以我们应该可以期待他创造出一个多重宇宙。

这一切听上去都疑似老去的时代，疑似亚里士多德、主教坦皮尔、布鲁诺和莱布尼茨。实际上，讨论的依然是老话题：知识止于何处，信仰始于何处？只是前线发生了几千年的变迁。在古典时期，为了让世界保持运转，神祇们还得插手琐碎的小事。打雷的时候，北欧的雷神托尔（Thor）就挥舞着大锤。太阳快步越过苍穹的时候，印度的太阳神苏里耶（Sûrya）套上了马车，而埃及的太阳神则坐上了小船。四季、彩虹、疾病、痊愈——没有神祇，什么都不灵。

后来，自然科学让世界变成了自动化。现在，打雷是因为闪电周围的空气突然膨胀并产生了超声冲响。四季的产生是因为地轴倾斜，彩虹是因为飘浮的小水滴中光发生了折射，疾病是因为病菌。对神祇、或者上帝的需求结构发生了变化：从世界的管理者到宇宙的精密机械师，后者一开始就把行星体系或者原始大爆炸调整得如同完美的钟表机构。

早期的神祇制造出了宇宙的钟表机构，为它上弦并再三重新调准。后期的神祇只剩下了制作和上弦。但即使是在多重宇宙中，上帝也还有一个活计：他创造。“总是有上帝的一席之地，”物理学家保尔·斯坦因哈特说道，“一定有什么东西安装了整个的体系。”他强调：宗教和科学应该互不干涉。“我们必须避免用上帝来填补科学的空白。”耶稣会会士兼梵蒂冈天文台的天体物理学家威廉·史托褚（William Stoeger）说道。耶稣会教士乔治·科因陈述了相似的理由：“上帝不是宇宙的边界条件。不能借助于量子物理学来驳斥上帝的存在——也不能用来证明之。面对宗教的、哲学的和神学的论断，科学绝对中立。”信仰与科学的联手让科因坐立不安。“我必须推进我的科学，我不能持续地思考耶稣是否现身其他星球或者我是否要为外星人举行洗礼。”

即便对《圣经》也可以如此诠释，就仿佛自然科学证明上帝的存在，无论用还是不用多重宇宙，都是徒劳枉然。于是，在《马太福音》（*Matthaeus-Evangelium*）中，“几位犹太教文士和法利赛人”，即：那个时代的知识分子，请求耶稣：“主啊，我们想要你显个神迹给我们看看。”耶稣回答说：“这些邪恶、不忠之辈索要一个神迹，但是除了预言者约拿的神迹之外，不再有其他的神迹给他们看。因为和约拿三天三夜待在鱼腹中一样，人子也要在地球内部待上三天三夜。”换言之：除了自身复活而外，没有别的神迹。这是一个奇迹，而非科学。

后记

关于世界体系的对话

2009年的一个深夜，在慕尼黑的一间书房里。本书的两位作者保存了文件，双眼通红地注视着对方。

马克斯：完成了！终于完成了。

托比阿斯：嗯。可我觉得还少些什么。

马克斯：现在还少什么呢？明天我们就要交稿了！

托比阿斯：我们是否真的生活在多重宇宙中，我们没有回答这个问题。

马克斯：我们无法回答这个问题，我们根本就不知道答案。应该由物理学家在某个时候给出答案。我们不是在书中也写了嘛。

托比阿斯：可是如果到时候答案是“不”呢？整本书可就毫无意义了。

马克斯：不见得吧。想法可是有趣得很，即使是错的，错的方式也是很有趣的。

托比阿斯：噢，不，我想起来了……

马克斯：想起什么了？

托比阿斯：……答案无论如何都是“不”！没有什么多重宇宙！

马克斯：你说什么？

托比阿斯：如果答案是“是”的话，就存在着多重宇宙，也就是所有可能存在的世界，那就是说也包括那些答案是“不”的世界。

马克斯：那只是你在逻辑上爱钻牛角尖罢了。如果是那样的话，就是科学家们在这些宇宙中犯糊涂了呗，他们只是说，没有多重宇宙，可实际上还是存在一个宇宙的。那他们就是计算错了，谁都在所难免嘛。

托比阿斯：但是如果我们生活在其中的一个宇宙中，我们就发现不了物理学家们是错误的。

马克斯：可我还是认为，即使答案是“不”，这依然很有趣。

托比阿斯：那我就放心了。

人名汇编

萨摩斯岛的阿里斯塔克（Aristarch von Samos）（约公元前310—前230年），古典时期的哥白尼，他首次勾勒出了一个以太阳为中心、地球作为行星处于公转轨道的日心说宇宙观。批评者们指责他说，如果是站在运动的地球上，就应该感觉得到运行产生的风。亦即：他的建议遭到了抵制。

亚里士多德（Aristoteles）（公元前384—前322年），和柏拉图（Platon）（约公元前428—前347年）及苏格拉底（Sokrates）（公元前469—前399年）同属古典时期最重要的哲学家。他断言，所有的天体运动只能是圆形的，并且所有重物的自然位置是宇宙的中心，即：地球的中心。这影响了后人对宇宙的看法长达两千年之久。托勒密的世界观是对亚里士多德的天体力学的扩展。

约翰·巴罗（John Barrow）（生于1952年），剑桥大学的数学教授、作家、宇宙学家，常去做礼拜的教徒。喜欢创建有关宇宙（和多重宇宙）的各不相同的理论，为这些理论著书立说并静观后效。尤为大家所熟知的是：1986年，他和弗兰克·提普勒（Frank Tipler）合出了一本关于人择原理的书。2006年，他获得宗教坦普顿基金会的“坦普顿奖”。

尼尔斯·玻尔（Niels Bohr）（1885—1962），量子力学的精神之父、工具主义者。量子理论哥本哈根演绎版本的开山鼻祖。工具主义的阐释不允许提出诸如电子是粒子还是波这样的问题。物理学只能局限于描述

测量仪器和实验。批评家们称这种态度为量子理论的“闭嘴计算”诠释。(参见本书第十章的“闭嘴计算!”一节)

豪尔赫·路易斯·博尔赫斯(Jorge Luis Borges)(1899—1986),具有杰出想象力的阿根廷作家。在他的短篇小说中,无限性不断潜入到日常生活的世界中来。在他的拥趸看来,博尔赫斯从未荣获诺贝尔奖,这是诺贝尔奖的不是。

第谷·布拉赫(Tycho Brahe)(1546—1601),传奇式的丹麦星体天文学家,后来成为布拉格的宫廷御用数学家。这位哥白尼的“粉丝”设计了地心说的世界观:地球静立在宇宙的中心,太阳绕地而行。其余的所有行星都围绕太阳运行。布拉赫在布拉格皇宫内的继任者,约翰尼斯·开普勒,借助于布拉赫对行星与星星运动所作的记录,发现了开普勒行星运动定律。这些定律帮助哥白尼体系实现了突破。

乔尔丹诺·布鲁诺(Giordano Bruno)(1548—1600),意大利哲学家、异教徒。他捍卫着存在众多世界的设想,因为他知道,他会因此激怒教会,并且率先提出今天的宇宙学家的一些想法。教会对此耿耿于怀,1889年,梵蒂冈报复性地把设在布鲁诺极刑之地的纪念像转换了方向,从此,布鲁诺的脸永远处在了阴影之中。

希伯·柯蒂斯(Heber Curtis)(1872—1942),身着细条纹西装的天文学家。为无限宇宙而战。1920年,在关于宇宙膨胀的“大辩论”中,他论证道,银河比此前的设想要小,用望远镜发现的云雾是类似于银河的遥远的星系。他的辩论对手哈洛·沙普利认为,银河要大得多,而且就是整个宇宙。辩论结果未分胜负。1924年,埃德温·哈勃才得以毫无疑义地证明,云雾(星云)远在银河之外,是遥远的星系。

大卫·道奇(David Deutsch)(生于1953年),仿佛来自于儿童画册的量子物理学家,古怪天才,大多数时候夜间工作在他位于牛津的小屋。他支持量子物理学所作的多世界的解释，据此版本，世界不间断地分支，衍生出平行世界。他首先产生了量子计算机的想法，这种计算机可以同时——用道奇的话来说：在各不相同的世界中——解答许多计算题。

阿尔伯特·爱因斯坦（Albert Einstein）（1879—1955），原始大爆炸理论的开路先锋。以其相对论无意间为原始大爆炸理论创造了先决条件。爱因斯坦开始以为宇宙是静止的，他的方程式却预言了一个在自重作用下只能内陷坍塌或者永远膨胀的宇宙。于是，爱因斯坦补充了一个相当于一种反重力的常数，以便使世界体系保持平衡。当埃德温·哈勃证明了，宇宙确实在膨胀扩张，爱因斯坦表示道歉并称这是他平生“最大的蠢事”。可是1998年，天文学家却发现宇宙在加速膨胀，他们又把爱因斯坦的反重力加进方程式中。这个反重力兴许也会促使宇宙空间永恒膨胀：安德雷·林德的多重宇宙理论。

休·艾弗雷特（Hugh Everett）（1930—1982），量子物理学家、军火工业企业主、连续不断的吸烟者、马克·艾弗雷特的父亲。儿子证实说，父亲生活在一个尽可能小的世界中：“他的头脑中。”休·艾弗雷特创立了量子力学的多世界诠释，该诠释长期在异类状态中浑浑噩噩地打发着时日，渐渐也异军突起而成为多数人的观点。

马克·艾弗雷特（Mark Everett）（生于1963年），摇滚乐手，休·艾弗雷特的儿子。还记得“我们共同生活的几年当中，父亲曾经对我说过的三四句话”。休在他的音乐中加工着沉默的时间。他最好的歌曲中有几首是讲他父亲的。

西格蒙特·弗洛伊德（Sigmund Freud）（1856—1939），心理分析学家。1917年，就哥白尼革命他写道：“在科学时代的进程中，人类不得不忍受其天真幼稚的自尊心遭受的两大伤害。第一次伤害是在他们得知我们的地球不是宇宙的中心、而是几乎无法想象之大的世界体系中的沧海一粟。对我们来说，这一伤害与哥白尼的名字紧密相联，虽然亚历山大城的科学早就宣称过类似理论。”据他称，第二次伤害是达尔文的进化论。

伽利略（Galileo Galilei）（1564—1642），天文学家。通过把理论和实验联系在一起而开创了现代自然科学。400 年前，他首次通过望远镜仰望天空。他对木星的卫星、太阳黑子和金星位相的观察帮助哥白尼世界观实现了突破。

库尔特·哥德尔（Kurt Gödel）（1906—1978），出生于奥匈帝国的数学家，按照约翰·冯·诺伊曼（John von Neumann）的说法，是“自亚里士多德以来最伟大的逻辑学家”。哥德尔认为，甚至可以从纯逻辑学中推导出上帝的存在。他在一个叫做二阶模态逻辑学的带有异国色彩的体系中论证了上帝。不过，他最著名的结论是一个否定的证词：没有哪个逻辑学公式的真实体系能够完全领悟真相。当他的妻子再也无法为他做饭，哥德尔便饿死了。

大卫·格罗斯（David Gross）（生于 1941 年），世界公式的捍卫者，2004 年度诺贝尔物理学奖得主，多重宇宙最知名的反对者。他打算继续寻找“万能理论”，没有放弃世界公式的梦想。他认为，多重宇宙的理论无法验证，根本没有解释什么东西，因而是“一个危险的想法”。

史蒂芬·霍金（Stephen Hawking）（生于 1942 年），身体瘫痪的天体物理学家，科学界的超级明星。他的《时间简史》（*Eine kurze Geschichte der Zeit*）为世界畅销书。霍金是研究奇点的专家，即研究计算黑洞或者原始大爆炸的方程式中的数学上的无穷性。他赞同量子理论的多世界诠释。

埃德温·哈勃（Edwin Hubble）（1883—1953），天文学家中的巨人、业余拳击手。20 年代他测量星光时，发现了光谱的红移。原因是多普勒效应：星体相互远离，因此波长被拉伸。这一发现为宇宙的膨胀和原始大爆炸理论提供了重要的证据。

加来道雄（Michio Kaku）（生于1947年），无所不在的物理学普及推广者、世界的解释者。在所有的频道上发布讯息，从Myspace到BBC再到德国电视二台。写了大量介乎宇宙学和科幻小说之间的书。

约翰尼斯·开普勒（Johannes Kepler）（1571—1630），病痛缠身的天文学家、哥白尼的崇拜者。伽利略和第谷·布拉赫十分欣赏他的数学才能。著名的有开普勒定律，根据这些定律，行星在椭圆形轨道上围绕太阳运动。这些定律帮助日心说世界观实现了突破。布拉赫逝世后，开普勒成为其继任者，出任布拉格的宫廷御用天文学家。

尼古拉·哥白尼（Nikolaus Kopernikus）（1473—1543），教士、天文学家、身不由己的革命者。开创了日心说世界观，从而策动了哥白尼革命。从此，太阳位于宇宙的中心，地球和其他行星一样围绕太阳运行，月亮围绕地球运行。在他所生活的时代，为了更好地预测行星的位置，教会也容许进行数学的思想游戏。直到1616年，哥白尼的天体说才被列入天主教的禁止清单中。

托马斯·库恩（Thomas Kuhn）（1922—1996），科学哲学家、科学社会学家、科学历史学家。按照库恩的观点，科学不是认识持续不断的积累，而是受普通科学的发展阶段的影响，其间会被最终导致“范式的转变”的科学革命所打断。库恩的科学理论影响颇大，范式的转变如今已是极其普通（而且使用过滥）的概念。不过，库恩也无法预言，哪个理论在革命结束之时会胜出。

戈特弗里德·威廉·莱布尼茨（Gottfried Wilhelm Leibniz）（1646—1716），德国哲学家，艾萨克·牛顿最喜爱的敌人，或许是历史上最后一位博学通才。他坚信自己生活在“一切可能的世界中最好的那个”

里，并耗费一生中的大部分时间来以此解释，为什么尽管是最好的世界，他周围还会有那么多的恶人恶事。

乔治·勒梅特（Georges Lemaître）（1894—1966），比利时物理学家、神甫。第一个提出了原始大爆炸理论。他在20年代写道，宇宙起源于一个“原始原子”。这一论点基于勒梅特所发现的爱因斯坦相对论的一个解决方案。爱因斯坦则觉得勒梅特的物理学“令人讨厌”。

大卫·刘易斯（David Lewis）（1941—2001），美国哲学家，“自莱布尼茨以来最伟大的系统的形而上学者”，他在普林斯顿大学的一位哲学同事曾这么称呼他。刘易斯在哲学圈外几乎无人知晓，虽然在同事中也有很多钦佩者，但是拥趸却寥寥无几。刘易斯认为，所有可能的世界和我们的世界一样真实。

安德雷·林德（Andrei Linde）（生于1948年），俄罗斯物理学家，后移居加利福尼亚。膨胀宇宙学（即：泡沫浴多重宇宙）的创始人之一。他不仅认为，一个宇宙太少，而且还认为，一个上帝也太少：“物理学家的基本假设之一——几个自然法则就能描述一切存在的事物——是一神论传统的弊端。”

恩斯特·马赫（Ernst Mach）（1838—1916），奥地利物理学家、认识论理论家、实证主义者。马赫认为，事实就是我们所能观察到的一切。相反，我们不能觉察到的，是玄学/形而上学，因而也是骗术。他对牛顿关于绝对空间和绝对时间的想法的批评影响了爱因斯坦对相对论的构思。他认为，谈论整个宇宙的年龄是没有意义的，同样，他也否认爱因斯坦所假定的原子的存在。他若知道多重宇宙，肯定也会当作幻觉嗤之以鼻。

艾萨克·牛顿（Isaac Newton）（1643—1727），英国物理学家、中世纪化学研究者/炼金术士、行政部门的公务员。1666年秋天，目睹了一个苹果从树上落下，大感奇怪并认识到，一定是重力的缘故。他和戈特弗里德·威廉·莱布尼茨结下了科学史上最富成果的敌对关系之一。二人均宣称，是自己首先发明了微分法。又是二人均猜想到其他世界的存在。

弗里德里希·尼采（Friedrich Nietzsche）（1844—1900），德国哲学家。他把“永恒轮回”的想法视为自己“最深刻的思想”：宇宙发生的事情总是在不断重复。今天的一些宇宙学理论证实了他的想法。

卡尔·波普尔（Karl Popper）（1902—1994），深受许多物理学家所喜爱的哲学家。波普尔要求，理论的特性应该是人们可以反驳之——证伪。李·斯莫林等波普尔的崇拜者们指责说，多重宇宙的想法无法证伪，因而不是科学。如今，波普尔的部分哲学已被视作过时了，因为反驳理论的假定客观事实常常也依赖于理论本身。托马斯·库恩批评证伪主义是不现实的。

克罗狄斯·托勒密（Claudius Ptolemaeus）（约公元100—175年），古典时期最重要的天文学家、地心说世界观最知名的代表人物。在亚里士多德的地心说世界观的基础之上，他研究出了一套完善的行星运动体系。为了描述夜空上不定期摇曳而过的行星的旋转运动，他采用了几十个圆和辅助圆。阿拉伯的学者和后来的尼古拉·哥白尼试图重新加强对天空的描述的物理化特征，即：通过旋转的球形壳体等具体的机械结构来进行解释。

马丁·里斯（Sir Martin Rees）（生于1942年），富有影响力的英国天文学家。1995年，英国女王授予他皇家天文学家的称号——自1675年以来，只有15名英国天文学家才得以获此殊荣。10年后，他被召入上议院并被推选为皇家协会的会长。在这个位置上，他如今是大不列颠科学界的最高代表。

埃尔温·薛定谔（Erwin Schrödinger）（1887—1961），奥地利诺贝

尔物理学奖得主、花花公子、量子物理学的缔造者之一。薛定谔方程式是量子理论的中心公式。它的有效性是没有争议的，对它的解释却非如此。薛定谔在一个著名的思想实验中以这样的结论表达了他的不悦：如果量子理论真的普遍适用，那么，也必须存在着既死又活的猫。休·艾弗雷特的量子物理学的多世界诠释又进了一步，将该理论应用到了整个宇宙。

哈洛·沙普利（Harlow Shapley）（1885—1972），美国农场主的儿子、辍学者、蚂蚁迷，他那个时代最著名的天文学家之一。尤其以一个错误而著名：在与希伯·柯蒂斯对抗的大辩论中，他坚决捍卫宇宙仅由银河构成的观点。埃德温·哈勃后来驳倒了他。

李·斯莫林（Lee Smolin）（生于1955年），波普尔的崇拜者、论战家、弦理论批评家，圈量子引力的知名代表人物，据此理论，宇宙空间是由最小的、不可分的空间原子组成的。该理论与弦理论竞相要使万有引力理论和量子理论统一起来，二者至今均未取得成功。

雷欧纳德·苏斯金德（Leonard Susskind）（生于1940年），弦理论家、寻衅滋事者，在纽约长大，性格叛逆，自1979年以来在斯坦福任教授。他参与发展了弦理论，曾长期相信世界公式的存在。自2003年开始，他认为理论在一定程度上描述了无穷多的宇宙。他的倒戈对许多科学家来说，是一个信号，对另一些科学家来说，是失望。

马克斯·铁马克（Max Tegmark）（生于1967年），瑞典裔美国宇宙学家，多重宇宙的预言者。专家很赏识他对星系和原始大爆炸回声的天文观测结果的分析利用。这位麻省理工学院的理论家也喜欢思考哲学问题。他提出了所有多重宇宙思想中最激进的想法，按照他的想法，每一个数学结构都相当于一个真实存在的宇宙。

亚历山大·维兰金（Alexander Vilenkin）（生于1950年），貌合神

似者理论家。在哈尔科夫（乌克兰）攻读物理学专业，1976 年移居国外，今天在马萨诸塞州波士顿附近的塔夫茨大学任物理学教授。他和安德雷·林德开创了永恒膨胀理论。2002 年，他在声名赫赫的专业期刊《物理评论》(*Physical Review*) 上发表了这样的结论：在遥远的众世界中，可能生存着人的貌合神似者（“而且——是的！——艾尔维斯还活着！”)。

斯蒂芬·温伯格 (Steven Weinberg) (生于 1933 年)，物理学界的头号人物，知名的无神论者。1979 年，他由于为物理学的统一所做出的种种努力而获得了诺贝尔奖。80 年代他预言，使宇宙膨胀的反重力不能太大，因为否则的话，就不可能产生任何星系和生命。多重宇宙理论家们称赞这一预言为人择原理有用性的证据。